L'ÉLEVAGE DU PUR SANG

EN FRANCE

GUIDE PRATIQUE DE L'ÉLEVEUR

—

Deuxième Année — 1894

La deuxième Année (1894)

de

L'ÉLEVAGE DU PUR SANG EN FRANCE

a été tirée à 550 Exemplaires

tous numérotés à la Presse

$\mathcal{N}$o

S.-F. TOUCHSTONE

L'ÉLEVAGE DU PUR SANG

EN FRANCE

GUIDE PRATIQUE DE L'ÉLEVEUR

DONNANT

LES PERFORMANCES, LES PEDIGREES ET LES PRIX DE SAILLIE

DES ÉTALONS

APPARTENANT A L'ÉTAT ET AUX PARTICULIERS

AVEC QUATRE PLANCHES

DEUXIÈME ANNÉE — 1894

PARIS

J. ROTHSCHILD, ÉDITEUR

13, RUE DES SAINTS-PÈRES, 13

1894

5283. — Poitiers. Imp. Blais, Roy et Cie rue Victor-Hugo, 7.

A

Monsieur G. DESCAT

Propriétaire-Éleveur

C'EST sur vos conseils, mon cher Monsieur Descat, et grâce aux appuis que vous avez mis un si cordial empressement à m'assurer, que j'ai entrepris ce travail, dont les éleveurs possédant votre expérience et votre esprit de méthode pouvaient seuls comprendre l'intérêt.

Vous me permettrez donc d'inscrire votre nom en tête de ce second volume comme un juste et bien faible témoignage de ma profonde gratitude.

S.-F. TOUCHSTONE

Février 1894.

TABLE GÉNÉRALE

PLACEMENT DES QUATRE PLANCHES

IMPRIMÉES HORS TEXTE

Le tableau d'origines des poulinières du Haras de MARTINVAST doit se placer entre les pages 16 et 17.

AVANT-PROPOS

L'ACCUEIL que cet ouvrage a reçu lors de sa publication nous a encouragé à donner dès cette année un premier supplément qui complétera l'état des étalons pur sang appelés à faire la monte en France pendant la saison prochaine.

Nous tenons avant tout à remercier les éleveurs du concours qu'ils ont bien voulu nous prêter; à une seule exception près, sans grande importance d'ailleurs, tous ont répondu à la demande de renseignements que nous leur avions adressée. C'est dire qu'ils ont compris le but de ce travail et que nos efforts pour faciliter leurs recherches, en vue des unions qu'ils destinent à leurs juments, ont été appréciés par eux.

Comme dans le précédent volume, une croix, placée à la suite de la notice, indique les renseignements sujets à caution.

Il nous a paru intéressant d'ajouter aux vingt étalons dont nous donnons le pedigree détaillé et rappelons les performances, cinq des étalons qui, depuis vingt ans, ont exercé le plus d'influence sur l'élevage anglais. Un certain nombre des produits (des filles surtout) de ces étalons ont été importés en France et sont dans nos haras; il est donc utile de connaître exactement leur origine.

Comme précédemment, nous publions une liste aussi complète que possible des étalons qui n'ont pas été décrits encore et feront la monte en France en 1894, ainsi que la station actuelle des étalons décrits l'année précédente; il nous a paru utile, également, de donner la liste et les prix de saillie des principaux étalons faisant la monte en Angleterre pendant la même saison. Puis, pour répondre à un désir qui nous a été exprimé, nous avons établi, pour quelques étalons, l'état de toutes celles de leurs filles qui ont eu des produits de pur sang; si cet essai était apprécié, un état complet de toutes les poulinières françaises de pur sang serait publié ultérieurement. Enfin, on trouvera, dans un obituaire, la date de la mort des principaux étalons depuis 1738, état qui pourra fournir des indications utiles sur la carrière, le tempérament et la résistance de ces reproducteurs.

Ne pouvant prétendre être infaillible, loin de là, nous avons noté dans un errata les erreurs ou fautes d'impression que nous avons relevées dans le premier volume ou qu'on a bien voulu nous signaler. En suivant cet errata, on pourra facilement rectifier ces erreurs, qu'il nous a paru préférable d'indiquer page par page, alors même qu'elles se répétaient plusieurs fois.

ABRÉVIATIONS

A. — Arabian.
B. — Barb.
T. — Turk.
* — Pedigree adopté en cas de paternité douteuse.
f. de — fille de...
m. de — mère de...
s. de — sœur de...
† — renseignements douteux.

Al. ou Alez. — Alezan.
Bbr. — Bai-brun.
B. — Bai.
Fr. de — Frère de.
p. — par, et le nom qui suit le p. est toujours celui du père.
Tout nom seul entre ( ) est celui de l'ascendant mâle.

INTRODUCTION

LES POULINIÈRES DU HARAS DE MARTINVAST

Il ne saurait y avoir, en matière d'élevage, de règles fixes ni de théories précises; il n'y a peut-être pas d'entreprise où le hasard joue un plus grand rôle, où les faits démentent d'une manière plus irritante les raisonnements les plus serrés et les espérances les mieux fondées. Un traité d'élevage, garantissant un succès certain, serait une utopie digne des alchimistes du moyen âge à la recherche de la pierre philosophale; la formule exacte n'existe pas et on ne la trouvera jamais. Il est, toutefois, certains principes qui permettent de réduire, dans des limites assez restreintes d'ailleurs, cette part que le hasard s'est faite si large : le choix judicieux des reproducteurs et des courants de sang, une sélection des mères basée sur des données, variables sans doute, mais constantes, les soins dont les poulains sont l'objet, la nature des herbages où on les envoie, le travail qui leur est donné et bien d'autres détails encore dont l'énumération pourrait paraître fastidieuse, sont autant d'éléments qui méritent une étude spéciale, sans laquelle le succès serait à peu près impossible. L'esprit de méthode est indispensable en élevage plus qu'en toute autre industrie peut-être, et cela précisément parce que les chances contraires sont plus nombreuses; l'expérience prouve, en effet, que les seuls éleveurs qui réussissent d'une manière suivie sont ceux qui ont adopté un système et des principes dont ils s'écartent le moins possible. Un succès accidentel n'a, par contre, aucune signification et jamais, en quelque sorte, il ne se retrouve deux fois chez l'éleveur qui s'en rapporte exclusivement au hasard, ce qui, par malheur, est loin d'être une exception, aujourd'hui surtout, où on est porté à croire que l'argent suffit à tout.

On s'est souvent demandé, par exemple, pour quelle raison le propriétaire d'un de nos plus importants haras de pur-sang, qui avait réuni à grands frais des poulinières d'excellente origine et n'avait rien épargné pour l'installation d'un établissement qu'on pouvait citer comme modèle, — on se demandait, disons-nous, pourquoi chaque année marquait un nouvel insuccès de son entreprise. La raison de ces échecs répétés nous semble facile à trouver. Tout d'abord, malgré les éléments de premier ordre dont il disposait, il négligeait d'étudier les combinaisons de sang; croisements en dedans ou en dehors, courants rencontrant plus ou moins bien, peu importait à son avis, l'union d'étalons de premier ordre avec des juments de classe, devant, selon lui, donner forcément de bons produits, principe essentiellement faux, comme il a pu s'en convaincre à ses dépens. Puis, le sol de ses prairies était, par sa nature, incapable de donner aux herbages les propriétés toniques et fortifiantes indispensables aux poulains, et il avait négligé de l'amender comme il aurait été nécessaire pour atténuer ce vice originel. Il n'en a pas fallu davantage pour qu'une entreprise, qui possédait les meilleurs éléments de succès, donnât des résultats presque désastreux.

Heureusement, à côté de l'éleveur que la mauvaise fortune semble poursuivre, et qui, trop souvent, est responsable de ses insuccès répétés, on peut citer d'assez nombreux exemples de propriétaires dont les produits réussissent avec une régularité que la chance seule ne suffit pas à expliquer. Le baron de Schickler, entre autres, a été particulièrement favorisé depuis quelques années; les poulains élevés par lui ont remporté une série indéfinie en quelque sorte de brillantes victoires. On ne saurait donc, pour chercher dans les limites possibles la clef de ce problème insoluble, mieux choisir que le modèle qui nous est offert à Martinvast. C'est dans ce but que, suivant l'exemple qui nous a été donné par le comte Lehndorff, alors qu'il étudiait le système d'élevage d'un autre propriétaire célèbre lui aussi par ses succès uniques, — nous avons nommé lord Falmouth, — nous avons établi le tableau suivant; on y trouvera, avec les noms des vingt-trois poulinières qui étaient à Martinvast au mois de septembre dernier, le résumé de leurs performances, leur origine, les noms de ceux de leurs produits qui ont gagné des courses ainsi que ceux des gagnants donnés par leurs mères.

DATE de la Naissance	NOMS	ORIGINE	PERFORMANCES			A EU COMME Produits gagnants
			Année	Nombre de Courses gagnées	Courses gagnées	
1873	LORD CLIFDEN MARE.. (imp. en 1880)	Lord Clifden et the Princess of Wales p. Stockwell, qui a eu comme produits gagnants : Albert Victor, Louise Victoria, Victoria Alexandra, **George Frederick** (Derby 74), Maud Victoria, Albert Edward et a donné l'étalon **Edward the Confessor.**	76	1	a couru une seule fois.	Paridjata. Candelaria. Puerta del Sol. Le Baratero. Caballero. Carabinero.

DATE de la Naissance	NOMS	ORIGINE	PERFORMANCES			A EU COMME Produits gagnants
			Année	Nombre de Courses	Courses gagnées	
1873	GEM OF GEMS........ (*imp. en 1881*)	Strathconan et Poinsettia p. Young Melbourne, qui a eu comme produits gagnants : Broughton, Gem of Gems, Datura, Ellangowan, Queen of Pearls, Strathdon, Sylvan.	75 76 — 3	1 2 —	1 — — 1	Escarboucle. **Le Sancy.** Le Mazarin. Miroir-de-Portugal. Pierre-de-Lune.
1873	AGNES SOREL........ (*imp. en 1881*)	**King Tom** et Miss Agnes p. Birdcatcher, qui a eu comme produits gagnants : Landmark, Windermere, Couronne de Fer, et est arrière-grand'mère **d'Ormonde** par Polly Agnes.	n'a jamais couru.			Sakountala. La Giralda. Charles VII.
1874	BROTHER TO STRAFFORD MARE........ (*imp. en 1878*)	Brother to Strafford et Toxophilite mare, qui a eu comme produits gagnants : **Gilbert,** Admiral Byng, United Service, Orion.	n'a jamais couru.			Kara Kalpak. Kremlin. Karakoul. Kaizak.
1875	NORTH WILTSHIRE.... (*imp. en 1880*)	Parmesan et Heather Belle p. Stockwell, qui a eu comme produit gagnant : Elderberry.	n'a jamais couru.			Le Sceptre. La Jarretière. Pavillon-Royal. La Pourpre. Irradiante. Investiture.
1875	LADY OF MERCIA.... (*imp. en 1882*)	**Blair Athol** (Derby et St-Léger) et Lady Coventry p. Thormanby, qui a eu comme produits gagnants : Peeping Tom, Yorkshire Bride, Farnese, Lady Golightly, Placentia, Earl Godwin.	77	2	—	Czardas II. Fandango.
1875	LITTLE SISTER....... (*imp. en 1883*)	**Hermit** (Derby) et Mrs. Wood p. Young Melbourne, qui a eu comme produits gagnants : Tabernacle, Woodman.	77	1	—	**Krakatoa.** Hécla. La Horta. Le Jorullo. *et en Angleterre.* Sorellina. Thunderstorm.
1876	ELLANGOWAN........ (*imp. en 1890*)	Strathconan et Poinsettia p. Young Melbourne, qui a eu comme produits gagnants : Broughton,	78 79 80 — 23	4 8 11 —	2 3 2 — 7	A donné en Angleterre, comme produits gagnants : Balmoral, Scottish King,

DATE de la Naissance	NOMS	ORIGINE	Année	Nombre de Courses	Courses gagnées	A EU COMME Produits gagnants
1876	Ellangowan (suite)..	Gem of Gems, Datura, Queen of Pearls, Ellangowan, Strathdon, Sylvan.		..		Caerlaverock, Fontainebleau, Mac Gowan.
1876	Leap Year......... (imp. en 1884)	Kingcraft (Derby) et Wheat Ear p. Young Melbourne, qui a eu comme produits gagnants : Skylark, Field Fare, Leap Year, Redwing, Harvester (Derby 1884), Cerealis.	78 79 — 10	5 5 — 3	3 — — 3	Electrisante, Salvanos, Fascinante.
1877	La Reyna..........	Vermout (Gd Prix de Paris) et Bourg-la-Reine p. the Cossack, qui a eu comme produits gagnants : Oriflamme, Aranjuez, Valois, Tuileries, La Reyna.	79 80 81 — 15	2 9 4 — 2	— 1 1 — 2	Reyezuelo, Conquistador, Campéador.
1878	Perplexité....	Perplexe (Royal Oak) et fille de King Tom, qui a eu comme produits gagnants : Brimir, Rocroy, Pacific, Perplexité, Swarga, et a donné l'étalon Palais-Royal.	80 81 82 — 17 dont : Grand Criterium, p. Royal-Oak.	2 7 8 — 7	1 4 2 — 7	Pororoca, Victoria Regia, Fitz Roya (Gd Px de Paris), Marie-Thérèse, Chêne-Royal (Jockey-Club), et p. Royal-Oak. Tournesol.
1880	Clementina........ (imp. en 1882)	Doncaster (Derby) et Clemence p. Newminster, qui a eu comme produits gagnants : Claymore, Tadcaster, Clemency.	82	2	—	Patriote.
1880	La Dauphine..	Doncaster (Derby) et Sly p. Strathconan, qui a eu comme produits gagnants : Obscure, Albuquerque, Atlantide.	83 84 — 18	9 9 — 3	2 1 — 3	Reine-Blanche, Paradisia, Le Capricorne, La Licorne.
1882	Peevish .... (imp. en 1891)	Petrarch (2000 Gs. et St-Léger) et Vex p. Vedette, qui a eu comme produits gagnants : Tantrum, The Shrew, Equanimity.	n'a jamais couru.			Ses produits n'ont pas encore couru.

DATE de la Naissance	NOMS	ORIGINE	PERFORMANCES			A EU COMME Produits gagnants
			Année	Nombre de Courses	Courses gagnées	
1882	ESCARBOUCLE	Doncaster (Derby), et Gem of Gems p. Strath-conan, qui a eu comme produits gagnants : **Le Sancy,** Le Mazarin, Miroir-de-Portugal, Pierre-de-Lune.	84 85 86 87 —— 24 dont : p. Royal-Oak. p. Gladia-teur.	2 6 8 8 — 5	— 2 2 1 —	Fra Angelico, La Rosalba.
1882	GRECIAN BRIDE....... (*imp. en 1886*)	Hermit (Derby) et La Belle-Hélène p. St-Al-bans, qui a eu comme produits gagnants : Hellenist, Belle-Lurette, Grecian Bride, Helen of Troy, et a donné l'étalon **The Miser.**	84 85 —— 14 dont les Stanley Stakes à Epsom.	9 5 — 2	2 — —	Le Giaour.
1883	CZARDAS II.	Kisber (Derby) et Lady of Mercia p. Blair Athol, qui a eu comme produits gagnants : Fandango. Czardas II.	85 86 —— 5	3 2 — 1	1 — —	Bethlem Gabor, Le Rakos, **Ragotsky** (Jockey Club et Gd Px de Paris).
1884	LA JARRETIÈRE......	Perplexe (Royal Oak) et North Wiltshire p. Parmesan, qui a eu comme produits ga-gnants : Le Sceptre, La Jarretière, Pavillon-Royal, La Pourpre, Irradiante, Investiture.	86 87 88 —— 22 dont le prix de la Sala-mandre.	4 11 7 — 6	3 2 1 —	Remember.
1885	EMBELLIE....	Perplexe (Royal Oak) et Rafale p. Charlatan, qui a eu comme pro-duits gagnants : Martinvast, Triomphe, La Frileuse, La Brume.	87 88 —— 7 dont le prix des Aca-cias.	1 6 — 3	— 3 —	Ses produits n'ont pas encore couru.
1887	PARADISIA..........	Atlantic (2000 Gs.) et la Dauphine p. Doncas-ter, qui a eu comme produits gagnants : Reine-Blanche, Le Capricorne, Paradisia, La Licorne.	89 90 91 —— 26	5 13 8 — 5	1 3 1 —	Ses produits n'ont pas encore couru.
1887	FAST GIRL... .... (*imp. en 1892*)	Galopin (Derby) et Black Mail p. Mac Gregor, qui a eu comme pro-duits gagnants :	n'a jamais couru.			Ses produits n'ont pas encore couru.

DATE de la Naissance	NOMS	ORIGINE	PERFORMANCES			A EU COMME Produits gagnants
			Année	Nombre de Courses	Courses gagnées	
1887	FAST GIRL (*suite*).....	Annexation, Extortion, Maiden.				Ses produits n'ont pas encore couru.
1888	SUNSHOWER......... (*imp. en 1892*)	Springfield et Sunshine p. Thormanby, qui a eu comme produits gagnants : Sunray, Palermo.	n'a jamais couru.			Ses produits n'ont pas encore couru.
1890	LA ROSALBA	Atlantic (2000 Gs.) et Escarboucle p. Doncaster, qui a eu comme produits gagnants : **Fra Angelico,** La Rosalba.	92 93 — 3	2 1 — —	1 — 1 —	Ses produits n'ont pas encore couru.

On remarquera tout d'abord que, comme lord Falmouth, M. de Schickler a apporté un soin constant à n'avoir dans son haras que des juments dont les mères ont produit des gagnants ; toutes, sans exception aucune, satisfont à cette première condition, absolument judicieuse, l'expérience l'a établi.

En second lieu, aucune de ces juments, en dehors de la seule Escarboucle, n'a couru après sa quatrième année, et dix-sept ont été retirées de l'entraînement à trois ans ; un certain nombre n'ont même jamais couru. L'éleveur de Martinvast est convaincu, cela ne saurait faire de doute, qu'une jument soustraite de bonne heure au régime surchauffé de l'entraînement est plus propre à la reproduction qu'une vieille poulinière à moitié broken-down, condamnée à se ressentir pendant de longues années, pour ne pas dire toujours, des fatigues d'une carrière trop bien remplie l'organisme reste intact, aucune lésion n'est à craindre, le « moule », c'est-à-dire l'élément le plus important, est par suite meilleur, car sans vouloir nier l'influence de la mère sur les qualités à venir du produit, sans adopter la théorie du « sac » si chère aux Arabes, on ne saurait nier que c'est le mâle, principalement, qui donne l'influx vital.

Ce système présente évidemment cet inconvénient d'employer des juments qui n'ont pas fait leurs preuves. Quelle que soit l'importance de la question d'origine, une jument qui n'a pas couru n'a pas établi la netteté de ses organes respiratoires ni la résistance de ses membres, et il serait facile de citer nombre de frères et de sœurs de grands vainqueurs, qui se sont montrés d'une absolue médiocrité. Cet inconvénient disparaît lorsque la jument a déjà produit des gagnants et il y en a plusieurs à Martinvast qui n'y ont été envoyées qu'après avoir eu des produits gagnants en Angleterre. D'un autre côté, il est à remarquer que presque toujours les juments qui ont remporté des victoires sensationnelles sur le turf se sont montrées des poulinières bien ordinaires, tandis que celles qui se sont le plus illustrées au haras avaient, d'une manière générale, été d'assez médiocres performers. Si l'on s'en rapporte à l'exemple des poulinières de Martinvast, cette dernière théorie paraît singulièrement exacte.

Ainsi que nous l'avons dit précédemment, Escarboucle qui, à sept ans, a, comme premier produit, donné Fra Angelico et a eu dans sa seconde saison La Rosalba, qui sans son accident se serait affirmée comme la meilleure pouliche de sa génération, n'est qu'une exception qui confirme la règle adoptée par M. de Schickler au point de vue de l'âge. Après elle, Perplexité est à peu près la seule qui ait fait preuve sur le turf d'une très réelle qualité qu'elle a largement confirmée comme poulinière. Mais on ne doit pas oublier qu'elle est aussi « stout bred » que possible, son père et sa mère appartenant à des familles où l'endurance est de tradition.

Sur ce point, M. de Schickler n'est pas d'accord avec lord Falmouth, dont il paraît avoir adopté les autres principes, ce qui prouve une fois de plus combien il est impossible d'émettre une opinion précise sur un sujet aussi incertain.

Ce qui importe, avant tout, c'est d'adopter une méthode, dans le choix des juments aussi bien que dans les combinaisons de sang, et de rechercher les unions qui conviennent le mieux et dont on peut espérer les meilleurs résultats. Nous avons vu M. Lupin prendre Dollar pour base de son élevage; M. P. Aumont s'en tenir presque exclusivement aux croisements entre les descendants de Monarque et de Gladiator; on sait les succès obtenus par ces deux éleveurs. M. de Schickler, en souvenir sans doute de the Nabob, père de Vermout, qu'il avait importé, a fixé son choix sur Perplexe et ses filles. Ce n'est pas sans un bien vif plaisir que nous constatons, en passant, la place occupée aujourd'hui par les descendants des trois grands auteurs de la race française de pur-sang.

Les limites de cette étude ne comportent pas un examen plus approfondi des poulinières de Martinvast; on a pu constater que, du côté paternel aussi bien que par leurs mères, elles ne laissent rien à désirer. On ne saurait donc s'étonner des succès qu'obtiennent leurs produits. M. de Schickler n'est pas et ne prétend pas être au-dessus des fantaisies du hasard, mais il a fait tout ce qui lui était possible pour en conjurer les caprices et mettre les chances de son côté. On doit donc, à tous égards, être heureux des succès qu'il a obtenus, et citer son exemple comme utile à suivre sous tous les rapports, pour gagner à cette « loterie », qui passionne à tant de titres.

L'anecdote suivante, par laquelle nous terminons, justifiera cette
dernière expression. A la vente des yearlings du haras de Middle
Park, en 1873, lord Falmouth et le prince Batthyany étaient montés
sur une vieille calèche placée dans un des coins du paddock, juste
en face de la tribune de M. Tattersall, qui, bien entendu, dirigeait
les opérations. Un poulain bai, qui, malgré son apparence décousue,
possédait des points de force assez rares, qui avaient séduit lord Falmouth, fut amené dans le ring. « Voilà un yearling d'avenir, dit alors
l'éleveur de Mereworth à son ami ; puisque vous cherchez un poulain,
vous devriez bien choisir celui-ci. » — « Soit, répondit le prince Batthyany, mais je n'en donnerai pas plus de 500 guinées. »

Les enchères arrivent assez péniblement à 490 guinées; la dernière
avait été mise par le prince. Tout à coup, une voix s'écria :
« 500 guinées ! » — « J'y renonce, fit le prince Batthyany, j'ai dit que
je ne dépasserais pas 500 guinées ; il ne vaut pas davantage. » —
« Vous avez tort, reprit lord Falmouth, réfléchissez, je vous assure
que le poulain a de l'avenir ! » — M. Tattersall, voyant cette dis-
cussion entre les deux éleveurs, attendait, en balançant son marteau
de droite et de gauche, qu'elle eût pris fin pour adjuger le poulain.
« 520 guinées, » dit enfin le prince Batthyany, cédant aux instances
de son ami. Immédiatement le poulain lui était adjugé. Deux ans
après, il gagnait pour lui le Derby, puis au haras, quelques années
plus tard, il donnait un des plus remarquables chevaux qui aient
jamais existé. Le yearling en question était Galopin, père de Saint
Simon, dont le propre père, Vedette, avait, vers 1860, été offert pour
40 guinées à un éleveur irlandais, le propriétaire du Diss Stud, qui
l'avait refusé, en raison de la défectuosité de ses aplombs.

Sans l'insistance de lord Falmouth, il fût devenu la propriété d'un
autre éleveur et jamais, sans doute, on ne lui aurait envoyé Saint-
Angela, qui est resté au haras du prince Batthyany jusqu'à la mort
de son propriétaire.

Un dernier mot : importée en France en 1883, à la mort du prince,
Saint-Angela venait d'être saillie par le même Galopin ; le produit de
cette nouvelle union, Simonne, fut de qualité bien modeste et rappe-
lait, par la robe seulement, son illustre aîné.

Certes, on le voit, l'élevage est une loterie ; mais si jamais on
admet le droit de corriger la chance, c'est bien en ce qui le concerne
qu'il faudrait l'appliquer; les résultats acquis à Martinvast en sont
une preuve et non des moins concluantes.

ERRATA ET CORRECTIONS DU TOME I^ᴿ

Pages :

43 { 2ᵉ col. vert., 3ᵉ case. — Glencoe est né en 1831.
{ 4ᵉ col. vert., 4ᵉ case. Gadabout est née en 1812.

47   3ᵉ col. vert., 4ᵉ case. — Darioletta au lieu de Barioletta.

52 { 4ᵉ ligne. — Cheval bai au lieu de cheval alezan.
{ 10ᵉ ligne. — 1889 au lieu de 1890.

53 { 9ᵉ case horiz., 4ᵉ ligne. — Après (Sir Peter) — ajouter : Scotilla p. Anvil (Herod) —
{ Scota p. Eclipse — Harmony, etc.
{ 10ᵉ case horiz., 1ʳᵉ ligne. — Johanna au lieu de Gohanna.

54 { 2ᵉ ligne. — Le second produit au lieu de le premier produit.
{ 26ᵉ ligne. — Pateline au lieu de Peteline.

55 et 61 4ᵉ colonne vert., 3ᵉ case. — Royal Oak est né en 1823.

60   11ᵉ ligne. — Lire : Il venait ensuite courir à Fontainebleau le Triennal, où il était battu
d'une tête par Yvrande, puis au Bois, etc.

63   2ᵉ col. vert., 14ᵉ case. — Lire : Velvet, mère de Bran.

69 { 12ᵉ case horiz., 1ʳᵉ ligne. — Williamsons' Ditto est fils de Sir Peter. Le — qui suit
{ son nom doit être supprimé.

71   4ᵉ col. vert., 4ᵉ case. — Darioletta au lieu de Barioletta.

73   10ᵉ case horiz., 3ᵉ ligne. — Lire : John Bull et Miss Whip p. Volunteer (Eclipse et f. de
Tartar) — Lady Eliza p. Whitworth, etc.

75 { 3ᵉ case horiz., 11ᵉ ligne. — Lire : Joe Andrews et f. d'Highflyer — f. de Gohanna, etc.
{ 4ᵉ col. vert., 11ᵉ case. — Glencoe est né en 1831.

77 { 2ᵉ case horiz., 3ᵉ ligne. — Darioletta au lieu de Barioletta.
{ 4ᵉ case horiz., 3ᵉ ligne. — F. de Sam et non f. de Samp.
{ 3ᵉ col. vert., 5ᵉ case. — Trumpeter est né en 1856.
{ 4ᵉ col. vert., 14ᵉ case. — Vermeille est née en 1853.
{ 9ᵉ case horiz., 4ᵉ ligne. — Après Sir Oliver — ajouter : Scotilla p. Anvil — Scota
{ p. Eclipse — Harmony, etc.

81 { 6ᵉ case horiz., 2ᵉ ligne. — Lire : Sir Oliver — Scotilla p. Anvil — Scota p. Eclipse
{ — Harmony, etc.
{ 6ᵉ case hor., 4ᵉ ligne. — Lire : Mrs. (et non Miss) Cruikshanks p. Welbeck — m. de
{ Tramp p. Gohanna — Fraxinella p. Trentham, etc.
{ 7ᵉ case horiz., 2ᵉ ligne. — Lire : f. de Ruler — Piracantha, etc.
{ 2ᵉ case horiz., 3ᵉ ligne. — Darioletta au lieu de Barioletta.
{ 8ᵉ case horiz., 3ᵉ ligne. — Ursula au lieu d'Arsula.

85 { 3ᵉ col. vert., 8ᵉ case. — Le pedigree de Selina doit être rétabli ainsi :

Selina (Al. 1860)	De Clare (B.—1852)	Touchstone p. Camel — Banter p. Master Henry — Boadicea, etc. Miss Bowe p. Catton — m. de Wagtail p. Orville — Miss Grimstone p. Weasel (Herod), etc.
	Heroine et Luckmw (B.—1856)	Nutwith p. Tomboy (Jerry) — f. de Comus — m. de Plumper p. Delpini — Miss Muston p. King Fergus, etc. Pocahontas p. Glencoe — Marpessa p. Muley — Clare p. Marmion, etc.

87   10ᵉ case horiz., 4ᵉ ligne. — Lire : Piracantha p. Matchem.

89 { 1ʳᵉ col. vert., Wellingtonia est né en 1869.
{ 3ᵉ col. vert., 8ᵉ case. — Même remarque pour le pedigree de Selina que p. 85.
{ 2ᵉ col. vert., 11ᵉ case. — Chattanooga est né en 1862.

90   Ligne 4. — Courlis a une balzane antérieure droite et deux balzanes postérieures.

91   2ᵉ case horiz., 3ᵉ ligne. — Darioletta et non Barioletta.

93   4ᵉ col. vert., 4ᵉ case. — Même rectification.

94   Ligne 1. — Ermak est né au château de Saint-Martin-des-Lacs (Allier), chez le baron
de la Brousse.

96   Ligne 5. — La mère de Joueur-de-Flûte, Ella, est fille d'Exminster et née en 1881. Elle
n'a de commun que le nom avec la mère d'Escogriffe.

97   13ᵉ case horiz., 2ᵉ ligne. — Lire : Trentham — s. de Goldfinch — f. de Woodpecker —
Everlasting p. Eclipse, etc.

98   Ligne 1 de l'en-tête. — Lire : Lessard-le-Chêne.

101 { 2ᵉ col. vert., 1ʳᵉ case. — Trumpeter est né en 1856.
{ 2ᵉ case horiz., 3ᵉ ligne. — Lire : (Sir Peter) — Scotilla p. Anvil — Scota p. Eclipse
{ — Harmony, etc.
{ 16ᵉ case horiz. — Le pedigree d'Elvira doit être rétabli comme suit :

Elvira (B.—1817)	Eryx p. Milo (Sir Peter) — f. de Buzzard — m. de Bennington p. the Darley Arabian. Coral p. Orville — Fairing p. Waxy — Rally p. Trumpator — Fancy, s. de Diomed, etc.

Pages :

103 { 10ᵉ case horiz., 3ᵉ ligne. — Darioletta *au lieu de* Barioletta.
12ᵉ case horiz., 3ᵉ ligne. — *Lire :* f. de Sam (Scud p. Beningbro et Elisa p. Highflyer) — Morel, etc.

109 { 4ᵉ col. vert., 12ᵉ case. — Darioletta *au lieu de* Barioletta.

111 { 4ᵉ col. vert., 4ᵃ case. — Darioletta *au lieu de* Barioletta.
4ᵉ col. vert., 12ᵉ case. — Medora est née en 1811.

117 2ᵉ case horiz., 3ᵉ ligne. — *Lire :* (Sir Peter) — Scotilla p. Anvil — Scota p. Eclipse — Harmony, etc.

119 3ᵉ col. vert., 8ᵉ case. — *Le pedigree de* Patience, grand'mère de Grace, *doit être rétabli ainsi :*

Patience (B. — 1849)	Lanercost (Bbr. — 1835) (v. page 87)	Liverpool p. Tramp — f. de Whisker — Mandane p. Pot8os, etc.
		Otis p. Bastard (Buzzard) — m. de Gayhurst p. Election (Gohanna), etc.
	Billet-Doux (Bbr. — 1842)	Gladiator p. Partisan — Pauline p. Moses — Quadrille p. Selim, etc.
		Valentine p. Voltaire — Fisher Lass p. Osmond — m. de Voltaire p. Phantom, etc.

121 16ᵉ case hor., 3ᵉ ligne. — Miss Muston *au lieu de* Miss Mustan.

123 2ᵉ col. vert., 1ʳᵉ case. — Trumpeter est né en 1856.

125 { 4ᵉ col. vert., 2ᵉ case. — Fanny Dawson est née en 1823.
4ᵉ col. vert., 3ᵉ case. — Glencoe est né en 1831.

127 4ᵉ col. vert., 15ᵉ case. — Young Emilius est né en 1828 et a pour mère Cobweb p. Phantom — Filagree p. Soothsayer, etc., *comme page 47.*

139 2ᵉ col. vert., 4ᵉ case. — Mrs. Ridgway est née en 1849.

141 4ᵉ col. vert., 16ᵉ case. — *Le pedigree de* Baleine *doit être rétabli ainsi :*

| Baleine (Rouane - 1830) | Whalebone, etc. |
| | Mère de Miss Craven p. Soothsayer — f. de Buzzard — f. d'Highflyer — Catherine p. Y. Marske, etc. |

143 1ʳᵉ col. vert., — Boïard est né en 1870.

145 { 1ʳᵉ case hor., 4ᵉ ligne — *Lire :* (Sir Peter) — Scotilla p. Anvil — Scota p. Eclipse — Harmony, etc.
4ᵉ col. vert., 11ᵉ case. — Terror *au lieu de* Perror.

153 3ᵉ col. vert., 2ᵉ et 3ᵉ cases. — Melbourne est né en 1834 et Volley en 1845.

155 4ᵉ col. vert., 10ᵉ et 14ᵉ cases. — Clarissa est née en 1846 et Cavatina en 1845.

156 *Lignes 1, 5 et 6.* — Manoel est né en 1880. Il fit ses débuts en 1883 dans le prix Greffulhe, où il fut battu par Farfadet et Bric-à-Brac.

157 { 3ᵉ col. vert., 1ʳᵉ case. — Trumpeter est né en 1856.
1ʳᵉ case hor., 4ᵉ ligne. — *Lire :* (Sir Peter) — Scotilla p. Anvil — Scota p. Eclipse — Harmony, etc.
5ᵉ case hor., 3ᵉ ligne. — *Lire :* (Orville) — f. de Scud (Beningbro') — Canary Bird, etc.

175 4ᵉ col. vert., 4ᵉ case. — Margaret est née en 1831.

179 3ᵉ col. vert., 4ᵉ case. — Fair Helen est née en 1837.

185 16ᵉ case hor., 3ᵉ et 4ᵉ lignes. — Maid of Erin *a pour mère* Potteen *et non* Puss ; *son pedigree doit être rétabli ainsi :*

| Maid of Erin (Alez. — 1841) | Ishmael.., etc. |
| | Potteen p. Irish Blacklock — Brandy Bet p. Canteen (Waxy Pope) — Bigottini p. Thunderbolt — m. de Tramp p. Gohanna — Fraxinella p. Trentham, etc. |

186 *Lignes 4 et 8.* — Puchero est bai et a battu Sado et non Athos dans le prix Hocquart.

194 En dehors des performances rappelées, Richelieu a couru six fois sans succès en Angleterre.

209 14ᵉ case hor., 3ᵉ ligne. — *Lire :* Monimia p. Muley.

211 { 4ᵉ col. vert., 1ʳᵉ case. — Trumpeter est né en 1856.
6ᵉ case hor., 1ʳᵉ ligne. — *Lire :* Terror *au lieu de* Perror.

213 4ᵉ col. vert., 11ᵉ case. — Glencoe est né en 1831.

216 *Ligne 27.* — The Condor n'a pas gagné le prix du Cadran de 1886, il y a seulement pris la seconde place entre Lapin et Reluisant.

217, 219 et 223. — 4ᵉ col. vert., 4ᵉ case. — Darioletta *au lieu de* Barioletta.

218 *Ligne 2.* — Upas est le quatrième produit de Rosemary.

224 *Ligne 30.* — Verdoyante est fille de Peut-Etre par Ventre-Saint-Gris, fils de Gladiator.

225 4ᵉ col. vert., 12ᵉ case. — Darioletta *au lieu de* Barioletta.

229 4ᵉ col. vert., 4ᵉ case. — Darioletta *au lieu de* Barioletta.

PRINCIPAUX

CHEFS DE FAMILLE

EN ANGLETERRE

(1870-1890)

PREMIÈRE SÉRIE

DONCASTER

(APPARTENAIT AU HARAS ROYAL DE KISBER, HONGRIE)

DONCASTER, par Stockwell (gagnant des Deux Mille Guinées et du Saint-Léger de 1852), est né en 1870 chez Sir Tatton Sykes au haras de Sledmere ; il est le troisième produit de Marigold, par Teddington, née en 1860 chez M. H. Hargreaves. Alezan un peu terne, de taille moyenne avec une lisse et deux petites balzanes, Doncaster était, à l'exception de ses genoux de veau, très harmonieux dans son ensemble ; l'épaule était un peu lourde, mais il avait les côtes rondes et une arrière-main forte, avec une ossature très dense. Acheté yearling pour 24.000 francs aux ventes de Doncaster par M. Merry, il reçut, au moment où il allait faire ses débuts, à l'automne de sa deuxième année, un coup dans le genou qui ne lui permit pas de paraître en public avant la fin de la saison. Il fit ses débuts en 1873, dans les Deux Mille Guinées, où il ne fut pas placé derrière Gang Forward et Kaiser, mais il finissait près de Boiard et de Flageolet, ce qui dénotait une très réelle qualité. Dans le Derby, son jockey, F. Webb, profitait très adroitement du duel de ses deux principaux adversaires, pour les battre l'un et l'autre d'une bonne longueur, à la surprise générale. Envoyé à Longchamps pour courir le Grand Prix de Paris, il y prenait la troisième place derrière Boïard et Flageolet, donnant dans la lutte finale des preuves de ce manque de courage qu'on devait reprocher à une partie de sa descendance. A Doncaster, il s'effaçait dans le Saint-Léger, derrière sa camarade d'écurie Marie-Stuart, et il terminait la saison en se faisant battre à Newmarket par Flageolet dans les Grand Duke Michael Stakes, puis par Kaiser et Boïard dans le Newmarket Derby, où il courait comme un rogne. A quatre ans, Doncaster faisait sa rentrée dans le Gold Cup d'Ascot, où il faisait dead-heat pour la seconde place avec Flageolet, à trois quarts de longueur derrière Boïard ; il battait ensuite péniblement Kaiser, auquel il rendait sept livres, et Miss Toto dans le Goodwood Cup. L'état menaçant de ses jambes ne lui permettait plus de courir avant le mois de juin de l'année suivante (1875), à Ascot, où il gagnait le Gold Cup sur Nougat, Montargis et Peut-Être, et l'Alexandra plate sur Scamp et Feu-d'Amour. Il quittait le turf sur ces deux victoires, après avoir couru dix fois en trois années, gagné quatre courses et 200.000 francs environ. Acheté par le duc de Westminster et envoyé au haras d'Eaton, il donnait, dès ses débuts comme étalon, Bend'Or, gagnant du Derby de 1880 ; mais le duc de Westminster, désirant garder ce dernier, et ne voulant pas conserver deux étalons de même origine à Eaton, acceptait les offres qui lui étaient faites par le Gouvernement austro-hongrois et le lui vendait 125.000 francs. Envoyé à Kisber, il ne tardait pas à s'y affirmer comme un étalon de tout premier ordre ; en dehors de Kincsem, une des plus remarquables juments des vingt dernières années, il donnait entre autres Bee, Donizetti, Primas II, Aram, Czalfa, etc. Doncaster est mort à Kisber, au mois de janvier 1872, laissant des produits, mâles ou femelles, en assez grand nombre pour être regardé comme un des principaux chefs de famille en Autriche-Hongrie, tandis que, par Bend'Or et par les filles qu'il avait eues en Angleterre, il est appelé à exercer une grande influence sur la race pur-sang tout entière.

PEDIGREE DE DONCASTER

					Ascendance
DONCASTER (Alezan—1870)	STOCKWELL (Alezan—1849)	The Baron (Alezan—1842)	Birdcatcher (Al.—1833)	Sir Hercules (Noir—1826)	Whalebone p. **Waxy** (Pot8os) — Penelope p. Trumpator (Conductor et Brunette p. Squirrel) — Prunella p. Highflyer (Herod et Rachel), etc. Peri p. Wanderer (**Gohanna** et Catherine p. Woodpecker) — Thalestris p. Alexander (Eclipse) — Rival p. Sir Peter (Highflyer), etc.
				Guiccioli (Alez.—1826)	Bob Booty p. Chanticleer (Woodpecker et f. d'Eclipse) — Ierne p. Bagot (Herod) — f. de Gamahoe (Bustard) — Patty p. Tim (Squirt), etc. Flight p. Irish Escape (Commodore et f. d'Highflyer) -- Y. Heroïne p. Bagot — Heroine p. Hero (Cade) — s. de Regulus p. Godolphin, etc.
			Echidna (B.—1838)	Economist (Bai—1826)	Whisker p. **Waxy** (Pot8os et Maria p. Herod) — Penelope p. Trumpator (Conductor) — Prunella p. Highflyer (Herod), etc. Floranthe p. Octavian (Stripling et f. d'Oberon) — Caprice p. Anvil (Herod) — Madcap p. Eclipse — f. de Blank (Godolphin), etc.
				Miss Pratt (Baie—1825)	Blacklock p. Whitelock (Hambletonian et Rosalind p. Phenomenon) — f. de Coriander (Pot8os) — Wild Goose p. Highflyer (Herod), etc. Gadabout p. **Orville** (Beningbro') — Minstrel p. Sir Peter (Highflyer) — Matron p. Florizel (Herod) — Maiden p. Matchem (Cade), etc.
		Pocahontas (Baie—1837)	Glencoe (Al.—1833)	Sultan (Bai—1816)	Selim, p Buzzard (Woodpecker et Misfortune p. Dux) — f. d'Alexander — f. de Highflyer (Herod) — f. d'Alfred, fr. de Conductor, etc. Bacchante p. Williamsons' Ditto (Sir Peter et Arethusa p. Dungannon) — s. de Calomel p. Mercury (Eclipse) — f. d'Herod, etc.
				Trampoline (Baie—1825)	Tramp p. Dick Andrews (Joe Andrews et f. d'Highflyer) — f. de **Gohanna** (Mercury) — Fraxinella p. Trentham (Sweepstakes), etc. Web p. **Waxy** (Pot8os et Maria p. Herod) — Penelope p. Trumpator (Conductor) — Prunella p. Highflyer (Herod) — Promise p. Snap, etc.
			Marpessa (B.—1830)	Muley (Bai—1810)	**Orville**, p. Beningbro' (King Fergus et f. d'Herod) — Evelina p. Highflyer (Herod) — Termagant p. Tantrum (Cripple), etc. Eleanor, p. **Whisky** (Saltram et Calash p. Herod) -- Y. Giantess p. Diomed (Florizel) — Giantess p. Matchem (Cade) — Molly Long Legs, etc.
				Clare (Baie—1824)	Marmion p. **Whisky** (Saltram et Calash p. Herod) — Y. Noisette p. Diomed (Florizel) — Noisette p. Squirrel (Traveller) — Carina p. Marske, etc. Harpalice, p. **Gohanna** (Mercury) — Amazon p. Driver (Trentham et Coquette) — Fractions p. Mercury (Eclipse) — f. de Woodpecker, etc.
	MARIGOLD (Alezane—1860)	Teddington (Alezan—1848)	Orlando (B.—1841)	Touchstone (Bbr.—1831)	Camel p. Whalebone (**Waxy**) — f. de Selim (Buzzard) — Maiden p. Sir Peter—f. de Phenomenon — Matron p. Florizel — Maiden p. Matchem. Banter p. Master Henry (**Orville**) — Boadicea p. Alexander — Brunette p. Amaranthus — Mayfly p. Matchem — f. d'Ancaster Starling, etc.
				Vulture (Alez—1833)	Langar p. Selim (Buzzard) — f. de **Walton** (Sir Peter) — Young Giantess p. Diomed (Florizel) — Giantess p. Matchem (Cade), etc. Kite p. Bustard (Castrel) — Olympia p. Sir Oliver (Sir Peter) — Scotilla p. Anvil (Herod) — Scota p. Eclipse — Harmony p. Herod, etc.
			Miss Twickenham (Al—1839)	Rockingham (Bai—1830)	**Humphrey Clinker**, p. Comus (Sorcerer et Houghton Lass p. Sir Peter) — Clinkerina p. Clinker (Sir Peter) — Pewet p. Tandem, etc. Medora p. Swordsman (Prizefighter et Zara p. Eclipse — f. de Trumpator (Conductor) — Peppermint p. Highflyer — Promise p. Snap, etc.
				Electress (Alez.—1819)	Election p. **Gohanna** — Chesnut Skim p. Woodpecker — m de Silver p. Herod — Y. Hag p. Skim — Hag p. Crab — f. d'Ebony p. Childers, etc. Fille de Stamford (Sir Peter) — Miss Judy p. Alfred — Manilla p. Goldfinder (Snap p. Snip. f. de Childers) — f. de Old England, etc.
		Sœur de Singapore (Baie—1852)	Ratan (Al.—1841)	Buzzard (Bai—1821)	Blacklock p. Whitelock (Hambletonian) — f. de Coriander (Pot8os et Lavender p. Herod) — Wildgoose p. Highflyer (Herod), etc. Miss Newton p. Delpini (Highflyer et Countess p. Blank) — Tipple Cyder p. King Fergus — Sylvia p. Y. Marske — Ferret p. fr. de Silvio, etc.
				Fille de (Bbr.—1831)	Picton p. Smolensko (Sorcerer et Wowski p. Mentor) — f. de Dick Andrews (Joe Andrews) — Eleanor p. Whisky (Saltram), etc. Fille de Selim p. **Buzzard** (Woodpecker et Misfortune p. Dux) — f. de Pipator (Imperator) — Queen Mab p. Eclipse — Old Tartar mare, etc.
			Fille de (Bh.—1844)	Melbourne (Bbr.—1834)	**Humphrey Clinker** p. Comus (Sorcerer) — Clinkerina p. Clinker (Sir Peter et Hyale p. Phenomenon) — Pewet p. Tandem (Syphon), etc. Fille de Cervantes p. Don Quixote (Eclipse et m. d'Alexander p. Forester) — f. de Golumpus (Gohanna et Lucy Grey p. Timothy), etc.
				Lisbeth (Baie—1828)	Phantom p. **Walton** (Sir Peter et Arethusa p. Dungannon) — Julia p. **Whisky** (Saltram et Calash) -- Y. Giantess p. Diomed (Florizel), etc. Elisabeth p. Rainbow (**Walton** et Irish p. Brush) — Belvoirina p. Stamford (Sir Peter) — s. de Silver p. Mercury (Eclipse) — f. d'Herod, etc.

HAMPTON

(APPARTIENT A LORD ELLESMERE)

Hampton, par Lord Clifden (gagnant du Saint-Léger de 1863), est né en 1872, chez lord Abingdon; il est le premier produit de Lady Langden, née en 1868, chez le colonel Towneley, par Rataplan et Haricot, fille de la célèbre Queen Mary ; elle a donné éégalement, avec Favonius, Sir Bevys, gagnant du Derby de 1879. Bai, de taille moyenne, — 1m59 —, Hampton est très symétrique et possède des points de force très accusés ; sa charpente osseuse a un remarquable développement. Il est peu de chevaux qui aient été à leurs débuts aussi méconnus. Engagé à deux ans dans des prix à réclamer, il gagnait deux petites courses à Oxford et à Hampton pour le compte M. Ireland. Acheté 200 livres (5.000 fr.), après sa seconde victoire, par M. J. Nightingall, il enlevait encore à Brighton un Two Year Old Stakes, où il était à réclamer pour 1.250 fr. Il était racheté par son nouveau propriétaire. Second derrière son demi-frère, Seymour, dans un Nursery à Warwick, où il était handicapé à 40 kilos, il terminait sa première campagne sur la même hippodrome dans un second Nursery, où il n'était pas placé. En 1875, Hampton, après une victoire dans le Great Welcome Handicap, à Croyden, gagnait, avec 39 kilos 1/2, le Grand Métropolitain d'Epsom (4.000 m.) où, à trente-deux livres, il battait d'une courte tête Trent, le vainqueur du Grand Prix de Paris de l'année précédente. Second derrière Snail, dans le Claremont handicap (2.400 m.) à Sandown Park, il courait sans succès, avec 45 kilos 1/2, le Cesarewitch gagné par Duke et Parma, et n'était pas plus heureux dans l'Autumn handicap de Brighton, où il faisait sa dernière apparition comme three year old. Hampton, qui courait alors sous les couleurs de M. F. G. Hobson, et qu'on avait commencé à dresser sur les obstacles, gagnait pour ses débuts à quatre ans, les Goodwood Stakes (4.000 m.), où il portait 49 kilos et n'avait à battre qu'un champ médiocre. Non placé derrière Craig Millar dans le Doncaster Cup, il n'était pas plus heureux, avec 56 kilos, dans le Cesarewitch, gagné par Rosebery. Hampton, en pleine possession de ses moyens, commençait sa cinquième année à Newcastle dans le Northumberland plate (3.200 m.), qu'il gagnait facilement, avec 56 kilos. Ecrasé par les 58 kilos 1/2 qui lui avaient été alloués dans les Goodwood Stakes, il enlevait le surlendemain le Goodwood Cup, où il battait Skylark, Cheron et son demi-frère Petrarch. Cette victoire lui valait dans le Great Ebor Handicap un poids trop élevé pour qu'il pût figurer à l'arrivée de cette course qui, soit dit en passant, était gagnée par un fils de Gladiateur, Gladiatore. Quinze jours après, il battait Chatterton et Thorn dans le Doncaster Cup (4.200 m.), enlevait ensuite le Gold Cup à Kelso, puis gagnait à Edimbourg ses deux premiers Majesty's plates et le Caledonian Cup. Il terminait la saison, en gagnant à Newmarket un autre Plate royal. Hampton, qui était devenu la propriété de lord Ellesmere, gagnait encore, à six ans, le Northumberland plate, où il battait Sheldrake, puis le Gold Cup d'Epsom. Quatrième dans l'Ascot Gold Cup, derrière Verneuil, Silvio et Saint-Christophe, il prenait ensuite la seconde place derrière Norwich dans les Goodwood Stakes, qu'il courait pour la troisième fois. Après une victoire dans le Plate royal, à York, il était battu par Pageant dans le Doncaster Cup, puis il gagnait encore deux Plates royaux, battant Verneuil de deux longueurs dans le dernier à Newmarket. Non placé, avec 58 kilos 1/2, dans le Cambridgeshire gagné par Isonomy, Hampton terminait sa carrière sur le turf, dans le Jockey-Club Cup de Newmarket, où il était battu par Silvio et Insulaire. Envoyé au haras de Worsley, près Newmarket, il y faisait en 1879 sa première saison de monte, à raison de trente guinées; depuis, son prix de saillie a été successivement porté à 100, puis à 150 guinées. Hampton ne tardait pas à se placer aux premiers rangs comme étalon. Après Radius, Highland Chief et Royal Hampton, il donnait Merry Hampton, gagnant du Derby de 1887, Rêve-d'Or, gagnante des Mille Guinées et des Oaks de la même année, Ayrshire, gagnant des Deux Mille Guinées et du Derby de 1888, et en dernier lieu Ladas, le meilleur produit, à deux ans tout au moins, de la génération de 1891, en Angleterre, sans parler de bien d'autres. Les trois courants de Tramp, qu'on trouve dans l'ascendance d'Hampton, suffisent à expliquer l'endurance dont il a donné tant de preuves.

PEDIGREE DE HAMPTON

HAMPTON (Bai—1872).				Nom	Généalogie
HAMPTON (Bai—1872).	LORD CLIFDEN (Bai—1860).	Newminster (Bai—1848).	Touchstone (Rh.—1831).	Cumel (Noir —1822)	Whalebone p. Waxy (Pot8os et Maria p. Herod) — Penelope p.Trampator (Conductor) — Prunella p. Highflyer (Herod et Rachel), etc. Fille de Selim (Buzzard et f. d'Alexander)—Maiden p. Sir Peter (Highflyer) — f. de Phenomenon (Herod) — Matron p. Florizel, etc.
				Banter (Baie— 1826)	Master Henry p. Orville (Beningbro' et Evelina) — Miss Sophia p. Stamford (Sir Peter) — Sophia p. Buzzard — Huncamunca p. Highflyer, etc. Boadicea p. Alexander (Eclipse et Grecian Princess) — Brunette p. Amaranthus (Old England) — Mayfly p. Matchem, etc.
			Beeswing (Bh.—1833).	Dr. Syntax (Bbr.—1811)	Paynator p. Trumpator — f. de Marc Antony (Spectator) — Signora p. Snap — Miss Windsor p. The Godolphin — s. de Volunteer, etc. Fille de Beningbro (King Fergus) — Jenny Mole p. Carbuncle (Babraham p. The Godolphin) — f de Prince T'Quassa p. Snip (Childers), etc.
				Fille de (Baie— 1817)	Ardrossan p. John Bull (Fortitude et Xantippe) — Miss Whip p. Volunteer (Eclipse) — Wimbledon p. Evergreen (Herod et f. de Snap), etc. Lady Eliza p. Whitworth (Agonistes et f. de Jupiter) — f. de Spadille (Highflyer)—Sylvia p. Blank (The Godolphin A.), etc.
		The Slave (Baie—1852).	Melbourne (Bh.—1834).	Humphrey Clinker (Alez.—1822)	Comus p. Sorcerer — Houghton Lass p. Sir Peter — Alexina p. King Fergus(Eclipse)—Lardella p. Y.Marske—f.de Cade(the Godolphin A.),etc. Clinkerina p. Clinker (Sir Peter et Hyale) — Pewet p. Tandem (Syphon) — Termagant p. Tantrum (Cripple) — Cantatrice p. Sampson, etc.
				Fille de (Baie— 1825)	Cervantes p. Don Quixote (Eclipse et Grecian Princess) — Evelina p. Highflyer — Termagant p. Tantrum (Cripple) — Cantatrice p. Sampson,etc. Fille de Golumpus (Gohanna et Catherine) — f. de Paynator — s. de Zodiac p. St-George (Highflyer) — Abigail p. Woodpecker, etc.
			Volley (B.—1845).	Voltaire (Bbr.— 1826)	Blacklock p. Whitelock — f. de Coriander (Pot8os) — Wild Goose p. Highflyer — Coheiress p. Pot8os — Manilla p. Goldfinder, etc. Fille de Phantom (Walton et Julia p. Whisky)— f. d'Overton (King Fergus) — m. de Gratitude p. Walnut (Highflyer) — f. de Ruler, etc.
				Martha Lynn (Bbr.— 1839)	Mulatto p. Catton (Golumpus) — Desdemona p. Orville — Fanny p. Sir Peter—f.de Diomed—Desdemona p. Marske—Young Hag p. Skim, etc. Leda p. Filho da Puta — Treasure p. Camillus — f. de Hyacinthus — Flora p. King Fergus — Atalanta p. Matchem — Lass of the Mill,etc.
	LADY LANGDEN (Bai-Brune—1868).	Kettledrum (Alezan—1858).	Rataplan (Al.—1850).	The Baron (Alez.—1842)	Birdcatcher p. Sir Hercules (Whalebone) — Guiccioli p. Bob Booty — Flight p.Irish Escape (Commodore)—Y.Heroine p.Bagot—Heroine,etc. Echidna p. Economist (Whisker et Floranthe) — Miss Pratt p. Blacklock —Gadabout p.Orville—Minstrel p. Sir Peter—Matron p. Florizel, etc.
				Pocahontas (Baie— 1837)	Glencoe p. Sultan (Selim) — Trampoline p. Tramp — Web p. Waxy — Penelope p. Trumpator—Prunella p. Highflyer—Promise p. Snap,etc. Marpessa p.Muley (Orville) — Clare p. Marmion — Harpalice p. Gohanna (Mercury) — Amazon p. Driver — Fractious p. Mercury, etc.
			Hybla (B—1846).	The Provost (Bbr.— 1836)	The Saddler p. Waverley (Whalebone p. Waxy)— Castrellina p. Castrel — f. de Waxy — Bizarre p. Peruvian—Violante p. John Bull, etc. Rebecca p. Lottery (Tramp) — f. de Cervantes (Don Quixote) — Anticipation p. Beningbro' — Expectation p. Herod — f. de Skim, etc.
				Otisina (Bbr.— 1837)	Liverpool p. Tramp— f. de Whisker (Waxy) — Mandane p. Pot8os — Y. Camilla p. Woodpecker. — Camilla p. Trentham — Coquette, etc. Otis p. Bustard (Buzzard) — m. de Gayburst p. Election (Gohanna) — s. de Skyscraper p. Highflyer — Everlasting p. Eclipse — Hyæna, etc.
		Haricot (Bai-Brune—1847).	Lanercost (Bh.—1835).	Liverpool (Bai—1828)	Tramp p. Dick Andrews—f. de Gohanna — Fraxinella p. Trentham — s. de Goldfinch—f. de Woodpecker — Everlasting p. Eclipse, etc. Fille de Whisker (Waxy) — Mandane p. Pot8os — Y. Camilla p. Woodpecker — Camilla p. Trentham — Coquette p. The Compton Barb.
				Otis (Baie—1818)	Bustard p. Buzzard(Woodpecker) — Gipsy p. Trumpator (Conductor) — s. de Postmaster p. Herod — f. de Snap (Snip p. Godolphin), etc. Fille d'Election (Gohanna)— s. de Skyscraper p. Highflyer (Herod) — f. d'Eclipse (Marske) —Rosebud p. Snap — Miss Belsea p. Regulus, etc.
			Queen-Mary (B.—1848).	Gladiator (Alez.—1833)	Partisan p. Walton (Sir Peter) — Parasol p. Pot8os — Prunella p. Highflyer — Promise p. Snap (Snip p. Childers) — Julia p. Blank, etc. Pauline p. Moses (Seymour) — Quadrille p. Selim—Canary Bird p. Sorcerer (Trumpator)—Canary p. Coriander (Pot8os) — Miss Green, etc.
				Fille de (Bbr.—1839)	Plenipotentiary p. Emilius (Orville et Emily p. Stamford)— Harriet p. Pericles (Evander)—f. de Selim (Buzzard)—Pipylina p. Sir Peter, etc. Myrrha p. Whalebone (Waxy) — Gift p.Young Giantess (Gohanna) — s. de Grazier p. Sir Peter — f. de Trumpator (Conductor), etc.

ISONOMY

(APPARTENAIT A LA DUCHESSE DE MONTROSE)

Isonomy, par Sterling, est né en 1875, chez MM. Graham, au haras de Yardley (près Birmingham); il est le troisième produit d'Isola Bella par Stockwell, née en 1868 chez M. R. Naylor, qui a donné, également avec Stockwell, Fernandez et Privilege. Bai, de taille moyenne, — 1 m 61, — Isonomy, dont l'épaule était un peu chargée, mais avait une bonne direction, était remarquable par la puissance de sa structure, le développement de son arrière-main et la largeur de ses jarrets. Isonomy fut, à la vente annuelle des yearlings du haras de Yardley, acheté par M. F. Gretton, qui le confia à John Porter. Il fit ses débuts à Brighton en 1877, dans les Brighton Club Two-Year-Old Stakes, où il finit mauvais troisième derrière Ersilia et Preciosa; il prenait sa revanche dans un Nursery, à Newmarket, où, sur 800 mètres, il battait Telegram, Greenback et douze autres poulains; mais quinze jours plus tard, dans un autre Nursery, il ne pouvait rendre onze livres à Beadsman. Sa formation était alors si incomplète qu'il se ressentit de ces trois courses pendant la plus grande partie de l'année suivante et ne put, à trois ans, prendre part qu'à une seule épreuve, le Cambridgeshire. Handicapé à 45 kilogs, il l'emporta facilement sur Touchet (4 a., 47 kil. 1/2) et trente-cinq autres : sa cote au départ était de 40/1. A quatre ans, Isonomy, après avoir été, un peu par surprise, battu par Parole, auquel il rendait huit livres et deux années dans le Newmarket handicap, enlevait sans effort le Gold Vase, à Ascot, puis, le surlendemain, battait Insulaire, Touchet, Jannette, Verneuil et Exmouth dans le Gold Cup. De même, à Goodwood, il se promenait devant Parole, Peter et Touchet dans le Cup. En 1880, à l'apogée de sa condition, Isonomy, portant 62 kilos, battait facilement, sur 2.600 mètres, dans le Whitsmaide Cup, à Manchester, the Abbot (3 a., 42 kil.), Horizon (3 a., 40 kil.) et dix-neuf autres adversaires. Il gagnait ensuite, pour la seconde fois, le Gold Cup, à Ascot ; mais, très éprouvé par l'état du terrain, rendu très dur par la sécheresse, il dut, en raison de la sensibilité de ses jambes, être retiré de l'entraînement, quelques semaines après cette victoire. Au haras de Sefton, où l'avait envoyé la duchesse de Montrose, dont le second mari, M. S. Crawfurd, l'avait acheté à la mort de M. Gretton, Isonomy a été dès sa première saison très recherché par les éleveurs. Après Seabreeze, gagnante des Oaks, du Saint-Léger et du Lancashire Plate, on peut citer, parmi ses meilleurs produits, Satiety, Antibes, Caerlaverock Riviera, et enfin, Common et Isinglass qui, tous deux, ont gagné les Deux Mille Guinées, le Derby et le Saint-Léger. Jamais avant lui un étalon n'avait produit deux vainqueurs de ce que les Anglais appellent la « triple couronne ». Isonomy est mort prématurément en avril 1891. Son prix de saillie, de 100 guinées au début, puis de 200 guinées, était alors de 250 guinées (6.562 fr.). L'influence de Sir Hercules, dont on trouve quatre courants très rapprochés dans l'ascendance d'Isonomy, a contribué, en grande partie, à lui donner l'endurance remarquable à laquelle il a dû ses plus beaux succès, en même temps que son aptitude à porter le poids.

PEDIGREE DE ISONOMY

ISONOMY (Bai—1875).	STERLING (Bai—1868).	Whisper (Baie—1857). Oxford (Alezan—1857).	**Sir Hercules** (Noir—1826) — Whalebone p. **Waxy** (Pot8os et Maria p. Herod) — Penelope p. Trampator — Prunella p. Highflyer (Herod) — Promise p. Snap, etc. Peri p. **Wanderer** (Gohanna)—Thalestris p. Alexander (Eclipse et Grecian Princess) — Rival p. Sir Peter — Hornet p. Drone (Herod), etc.
		Guiccioli (Alez.—1826) — Bob Booty p. Chanticleer (Woodpecker et f. d'Eclipse) — Ierne p. Bagot (Herod) — f. de Gamahoe (Bustard) — Patty p. Tim, etc. Flight p. **Irish Escape** (Commodore) — Y. Heroïne p. Bagot (Herod) — Heroïne p. Hero (Cade) — s. de Regulus p. The Godolphin A., etc.	
	Honey Dear (B.—1844) Birdcatcher (Al.1833).	**Pleni-potentiary** (Alez.—1831) — Emilius p. Orville — Emily p. Stamford (Sir Peter) — f. de Whisky — Grey Dorimant p. Dorimant (Otho) — Dizzy p. Blank, etc. Harriet p. Pericles (Evander) — f. de Selim — Pipylina p. Sir Peter — Rally p. Trampator—Fanny, sœur de Diomed, p. Florizel, etc.	
		My Dear (Baie—1841) — Bay Middleton p. Sultan (Selim) — Cobweb p. Phantom (Walton) — Filagree p. Soothsayer (Sorcerer) — Web p. Waxy, etc. Miss Letty p. Priam (Emilius) — Cressida p. Whisky — m. de Miss Fanny p. Orville — f. de Buzzard — Hornpipe p. Trampator, etc.	
	Silence (B.—1848) Flueatcher (B.—1844).	**Touchstone** (Bbr.—1831) — Camel p. Whalebone (**Waxy**) — f. de Selim — Maiden p. Sir Peter — f. de Phenomenon — Matron p. Florizel — Maiden p. Matchem, etc. Banter p. Master Henry — Boadicea p. Alexander — Brunette p. Amaranthus (Old England p. the Godolphin) — Mayfly p. Matchem, etc.	
		Decoy (Baie—1830) — Filho da Puta p. Haphazard (Sir Peter) — Mrs. Barnet p. Waxy — f. de Woodpecker — Heinel p. Squirrel (Traveller), etc. Finesse p. Peruvian (Sir Peter et f. de Boadrow) — Violante p. John Bull (Fortitude et Xantippe) — sœur de Skyscraper p. Highflyer, etc.	
		Melbourne (Bbr.—1834) — Humphrey Clinker p. Comus (Sorcerer et Houghton Lass p. Sir Peter) — Clinkerina p. Clinker (Sir Peter et Hyale p. Phenomenon), etc. Fille de Cervantes (don Quixote et Evelina p. Highflyer) — f. de Golumpus (Gohanna) — f. de Paynator (Trumpator), etc.	
		Secret (Alez.—1841) — Hornsea p. Velocipede (Blacklock) — f. de Cerberus (Gohanna) — Miss Cranfield p. Sir Peter — f. de Pegasus — f. de Paymaster (Blank), etc. Solace p. Longwaist (Whalebone) — Dulcamara p. Waxy — Witchery p. Sorcerer — Cobbea p. Skyscraper — f. de Woodpecker, etc.	
ISOLA BELLA (Baie—1868).	Stockwell (Alezan—1849).	Pocahontas (B.—1837) The Baron (Al.—1842)	**Birdcatcher** (Alez—1833) — Sir Hercules p. Whalebone (**Waxy**) — Peri p. **Wanderer** — Thalestris p. Alexander (Eclipse)—Rival p. Sir Peter—Hornet p. Drone, etc. Guiccioli p. **Bob Booty** (Chanticleer et Ierne p. Bagot) — Flight p. Irish Escape — Y. Heroïne p. Bagot (Herod et Marotte), etc.
			Echidna (Bbr.—1838) — Economist p. Whisker (**Waxy et Penelope p. Trumpator**) —Floranthe p. Octavian (Stripling) — Caprice p. Anvil (Herod) — Madcap p. Eclipse. Miss Pratt p. Blacklock — Gadabout p. Orville — Minstrel p. Sir Peter — Matron p. Florizel (Herod) — Maiden p. Matchem, etc.
			Glencoe (Alez.—1833) — Sultan p. Selim — Bacchante p. Williamsons' Ditto (Sir Peter) — s. de Calomel p. Mercury (Eclipse) — f. d'Herod, etc. Trampoline p. Tramp — Web p. **Waxy** — Penelope p. Trumpator — Prunella p. Highflyer — Promise p. Snap — Julia p. Blank, etc.
			Marpessa (Baie—1830) — Muley p. Orville — Eleanor p. Whisky (Saltram et Calash) — Young Giantess p. Diomed (Florizel) — Giantess p. Matchem, etc. Clare p. Marmion (Whisky et Y. Noisette p. Diomed) — Harpalice p Gohanna — Amazon p. Driver (Trentham)—Fractious p. Mercury, etc.
	Isoline (Baie—1860).	Russelsdaw (B.—1850) Ethelbert (Al.—1850).	**Faugh a Ballagh** (Bbr.—1841) — Sir Hercules p. Whalebone (**Waxy**) — Peri p. Wanderer — Thalestris p. Alexander — Rival p. Sir Peter — Hornet p. Drone, etc. Guiccioli p. Bob Booty — Flight p. **Irish Escape** — Y. Heroïne p. Bagot (Herod) — Heroïne p. Hero (Cade) — s. de Regulus, etc.
			Espoir (Bai—1841) — Liverpool p. Tramp — f. de Whisker — Mandane p. Pot8os — Young Camilla p. Woodpecker—Camilla p.Trentham (Sweepstakes), etc. Esperance p. Lapdog (Whalebone) — Grisette p. Merlin (Castrel) — Coquette p.Dick Andrews—Vanity p.Buzzard—Dabchick p. Pot8os, etc.
			The Prime Warden (Bai—1834) — Cadland p. Andrew (Orville et Morel) — Sorcery p. Sorcerer — Cobbea p. Skyscraper—f. de Woodpecker—Heinel p. Squirrel (Traveller), etc Zarina p. Morocco (Muley) — f. de Smolensko (Sorcerer) — Morgiana p. Coriander (Pot8os) — Fairy p.Highflyer—Fairy Queen p. Y.Cade,etc.
			Miss Whinney (Baie—1838) — Sir Hercules p. Whalebone (**Waxy**) — Peri p. **Wanderer** — Thalestris p. Alexander—Rival p. Sir Peter—Hornet p. Drone—Manilla, etc. Euphrosyne p. Comus — s. de Anna Bella p. Shuttle — f. de Drone (Herod) — Contessina p. Young Marske — Tuberose p. Herod, etc.

BARCALDINE

(APPARTENAIT A LA COMTESSE DE STAMFORD ET WARRINGTON)

BARCALDINE, par Solon, est né en 1878 chez M. G. Lowe, en Irlande ; il était le troisième produit de Ballyroe par Belladrum, née également chez M. Lowe, dans le comté de Roscommon. Bai, avec une petite tache blanche au front et une balzane haut-chaussée à la jambe montoire postérieure, il était d'une symétrie absolue, très fortement établi, avec les côtes rondes et d'excellents aplombs. Sa taille était de 1ᵐ 62. A deux ans, il enlevait avec une extrême facilité les quatre courses auxquelles il prenait part au Curragh, battant, entre autres, Award, Queen of the Forest, Prometheus et Satyr. En 1881, il commençait sa troisième année par une victoire facile dans le Baldoyle Derby, où il rendait près de deux stones à Theodora et à Whisper Low, qui devait, l'année suivante, gagner le Grand Steeple-Chase d'Auteuil. Il enlevait ensuite au Curragh trois Queen's Plates ou Purses, sur des distances de 3.200 et 4.800 mètres. Nous n'avons pas à rappeler ici les incidents qui obligèrent Barcaldine à rester au repos pendant le reste de la saison et toute l'année 1882, et qui retardèrent jusqu'au printemps suivant ses débuts en Angleterre. A cinq ans, il commençait par battre à Hampton Park, dans le Westminster Cup, Tristan, dont il recevait trois livres seulement, Wallenstein et Lucerne, à laquelle il rendait trente et une livres anglaises ; il enlevait ensuite dans un canter les Epsom Stakes, sur Witchcraft, Beauty et Retreat, ce dernier à une différence de trente-neuf livres. A Ascot, dans l'Orange Cup (4.000 mètres), il avait raison, avec la même facilité, de Faugh a Ballagh ; il terminait enfin la saison en gagnant, avec 61 kilos 1/2, le Northumberland Plate, battant de deux longueurs le favori, Shrewsbury, et huit autres chevaux. Cette dernière victoire mettait le sceau à la réputation du fils de Solon, qui s'était affirmé, par sa vitesse, son endurance et son aptitude à porter le poids, comme le meilleur cheval de la production de 1878, en Angleterre aussi bien qu'en Irlande. Lorsqu'il quitta le turf, lady Stamford, dont il était devenu la propriété, l'envoya aux Park Paddocks, à Newmarket, où sa monte, fixée tout d'abord à 50 guinées, ne tarda pas à s'élever au double. Bartizan, Barmecide, Gullane, the Whaup, Curfew, Morion, Mimi, gagnante des Mille Guinées et des Oaks de 1891, peuvent être cités comme les meilleurs de ses produits, mais aucun d'eux n'a montré la qualité exceptionnelle qu'on était en droit d'espérer. Barcaldine est mort subitement d'une congestion aux Park Paddocks, en janvier 1893. On trouve, à deux reprises, dans le pedigree de Barcaldine le croisement classique du sang de Touchstone avec celui du Birdcatcher, qui, on ne doit pas l'oublier, étaient tous deux petits-fils de Whalebone.

PEDIGREE DE BARCALDINE

Left-margin ancestry (vertical):
BARCALDINE (Bai-1878). — SOLON (Bai-1861). — BALLYROE (Alezane-1872). — West-Australian (Bai-1850). — Mère de Darling (Baie-1850). — Belladrum (Bai-1861). — Bon-Accord (Baie-1867). — Melbourne (Bh.-1834). — Mowerina (B.-1843). — Birdcatcher (Al.-1833). — Fille de (Al.-1843). — Stockwell (Al.-1849). — Cathor, Hayes (B.-1850). — Adventurer (B.-1859). — Mère le Darling (B.-1850).

Humphrey Clinker (Alez.—1822)
Comus p. Sorcerer — Houghton Lass p. Sir Peter — Alexina p. King Fergus — Lardella p. Y. Marske — f. de Cade — m. de Beaufremont, etc.
Clinkerina p. Clinker (Sir Peter et Hyale p. Phenomenon) — Pewet p. Tandem (Syphon) — Termagant p. Tantrum (Cripple p. Godolphin), etc.

Fille de (Baie—1825)
Cervantes p. Don Quixote (Eclipse et m. d'Alexander p. Forester)— Evelina p. Highflyer — Termagant p. Tantrum (Cripple), etc.
Fille de Golumpus (Gohanna et Lucy Grey p. Timothy) — f. de Paynator — s. de Zodiac p. St-George (Highflyer), etc.

Touchstone (Bbr.—1831)
Camel p. Whalebone (**Waxy**) — f. de Selim — Maiden p. Sir Peter — f. de Phenomenon (Herod) — Matron p. Florizel, etc.
Banter p. Master Henry (Orville) — Boadicea p. Alexander (Eclipse et Grecian Princess p. Forester) — Brunette p. Amaranthus, etc.

Emma (Baie—1824)
Whisker p. **Waxy** (Pot8os et Maria p. Herod) — Penelope p. Trumpater (Conductor et Brunette p. Squirrel) — Prunella p. Highflyer, etc.
Gibside Fairy p. Hermes (Mercury et Rosina p. Woodpecker) — Vicissitude p. Pipator (Imperator) — Beatrice p. Sir Peter — Pyrrha, etc.

Sir Hercules (Noir—1826)
Whalebone p. **Waxy** (Pot8os) — Penelope p. Trumpator (Conductor) — Prunella p. Highflyer (Herod) — Promise p. Snap (Snip) — Julia, etc.
Peri p. Wanderer (Gohanna et Catherine p. Woodpecker) — Thalestris p. Alexander — Rival p. Sir Peter — Drone, etc.

Guiccioli (Alez.—1826)
Bob Booty p. Chanticleer (Woodpecker et f. d'Eclipse) — Ierne p. Bagot (Herod et Marotte p. Matchem) — f. de Gamahoe, etc.
Flight p. Irish Escape (Commodore p. Tug) — Y. Heroine p. Bagot (Herod) — Heroine p. Hero (Cade) — s. de Regulus p. Godolphin, etc.

Hetman Platoff (Bai—1836)
Brutandorf p. Blacklock — Mandane p. Pot8os — Young Camilla p. Woodpecker—Camilla p. Trentham (Sweepstakes et Miss South), etc.
Fille de Comus (Sorcerer et Houghton Lass p. Sir Peter) — Marciana p. Stamford (Sir Peter et Horatia p. Eclipse) — Marcia p. Coriander, etc.

Whim (Grise—1832)
Drone p. Master Robert (Buffer p. Prizefighter et Spinster p. Shuttle) — f. de Sir Walter (**Waxy**) — Miss Tooley p. Teddy The Grinder, etc.
Kiss p. Waxy Pope (**Waxy** et Prunella p. Highflyer) — f. de Champion (Pot8os et Huncamunca p Highflyer)—Brown Fanny p. Maximin, etc.

The Baron (Alez.—1842)
Bircatcher p. Sir Hercules (Whalebone p. **Waxy** et Peri p. Wanderer) — Guiccioli p. **Bob Booty** — Flight p. Irish Escape (Commodore), etc.
Echidna p. Economist (Whisker p. **Waxy** et Floranthe p. Octavian) — Miss Pratt p. Blacklock — Gadabout p. Orville, etc.

Pocahontas (Baie—1837)
Glencoe p. Sultan (Selim et Bacchante p. Williamsons' Ditto) — Trampoline p. Tramp (Dick Andrews) — Web p. **Waxy**, etc.
Marpessa p. Muley (Orville et Eleanor p. Whisky) — Clare p. Marmion (Whisky) — Harpalice p. Gohanna — Amazon p. Driver (Trentham), etc.

Lanercost (Bai—1835)
Liverpool p. Tramp—f. de Whisker (**Waxy** et Penelope) — Mandane p. Pot8os (Eclipse)—Y. Camilla p. Woodpecker—Camilla p. Trentham, etc.
Otis p. Bustard (Buzzard) — m. de Gayhurst p. Election (Gohanna) — s. de Skyscraper p. Highflyer—Everlasting p. Eclipse — Hyœna, etc.

Constance (Baie—1835)
Partisan p. Walton (Sir Peter et Arethusa p. Dungannon) — Parasol p. Pot8os — Prunella p. Highflyer — Promise p. Snap, etc.
Quadrille p. Selim — Canary Bird p. Sorcerer — Canary p. Coriander (Eclipse) — Miss Green p. Highflyer — Harriet p. Matchem, etc.

Newminster (Bai—1848)
Touchstone p. Camel (Whalebone p. **Waxy** et f. de Selim) — Banter p. Master Henry — Boadicea p. Alexander (Eclipse et Grecian Princess).
Beeswing p. Dr. Syntax (Paynator et f. de Beningbro') — f. d'Ardrossan — Lady Eliza p. Whitworth — f. de Spadille, etc.

Palma (Bbr.—1840)
Emilius p. Orville — Emily p. Stamford (Sir Peter et Horatia) — f. de Whisky — Grey Dorimant p. Dorimant — Dizzy p. Blank, etc.
Francesca p. Partisan — m. de Miss Fanny p. Orville — f. de Buzzard — Hornpipe p. Trumpator — Luna p. Herod — s. d'Eclipse, etc.

Birdcatcher (Alez.—1833)
Sir Hercules p. Whalebone (**Waxy** et Penelope) — Peri p. Wanderer (Gohanna) — Thalestris p. Alexander — Rival p. Sir Peter, etc.
Guiccioli p. Bob Booty — Flight p. Irish Escape (Commodore) — Y. Heroine p. Bagot — Heroine p. Hero — sœur de Regulus, etc.

Fille de (Baie—1845)
Hetman Platoff p. Brutandorff— f. de Comus — Marciana p. Stamford — Marcia p. Coriander — Faith p. Pacolet, etc.
Whim p. Drone (Master Robert) — Kiss p. Waxy Pope (**Waxy**) — f. de Champion (Pot8os et Huncamunca p. Highflyer)—Brown Fanny.

SAINT-SIMON

(APPARTIENT AU DUC DE PORTLAND, WELBECK ABBEY)

Saint-Simon, par Galopin (gagnant du Derby de 1875), est né en 1881, chez le prince Batthyany ; il est le dixième produit de Saint-Angela, par King Tom, née en 1885, chez le comte Batthyany, qui a donné également Angelica avec Galopin, et est morte en 1889 en France, où elle avait été importée, à la mort de son éleveur, par le baron de Rothschild. Saint-Simon est bai-brun avec une petite étoile en tête et un peu de blanc au pied montoir postérieur. Sa taille est de 1m63. Très fortement charpenté, avec une arrière-main puissante, une excellente direction d'épaule, le rein admirablement soudé et des jarrets irréprochables, il pèche dans son avant-main et la direction de ses aplombs antérieurs. Acheté par le duc de Portland à la mort du prince Batthyany, Saint-Simon fit ses débuts à la réunion de Goodwood, en 1883, dans les Halnaker Stakes, qu'il gagna dans un canter sur huit adversaires. Il enlevait, le lendemain, les Maiden Stakes avec une facilité égale. A Derby, au mois de septembre suivant, il remportait un nouveau succès dans le Devonshire Nursery, où il rendait près d'une stone à tous ses adversaires, dont il retrouvait une partie, quelques jours après, dans le Prince of Wales Nursery pour les battre encore dans les mêmes conditions. Il terminait enfin sa carrière de deux ans dans un match à poids égal avec Duke of Richmond, dont il avait raison, sans la moindre peine. La mort du prince Batthyany ne lui permettant pas de prendre part aux épreuves classiques de sa troisième année (1884), Saint-Simon commençait la saison en battant à poids pour âge, Tristan, dans le Trial Match de Newmarket ; l'Epsom Gold Cup lui était ensuite abandonné sans opposition. Puis, sur les 4.000 mètres du Gold Cup d'Ascot, il battait de nouveau très facilement Tristan, sans compter Faugh a Ballagh, Iambic et Friday. A Newcastle, il battait sans la moindre peine, Chislehurst, à six livres d'écart pour une année, dans le Gold Cup. Il couronnait enfin sa carrière en enlevant de vingt longueurs le Goodwood Cup (4.000 mètres), sur Ossian, gagnant du Saint-Léger de l'année précédente, et Friday. Sans être précisément menaçantes, ses jambes donnaient des signes de fatigue assez prononcée pour que le duc de Portland, désireux de l'envoyer au haras net de toute tare, se décidât à le retirer de l'entrainement. Dès sa première saison, Saint-Simon s'annonçait comme un étalon de tout premier ordre ; sa production de 1887 comprenait Semolina, gagnante des Mille Guinées, Memoir, gagnante des Oaks et du Saint-Léger, et Signorina ; il donnait ensuite Saint-Serf, Simonian et Dunure. Puis La Flèche, gagnante des Mille Guinées, des Oaks et du Saint-Léger, qui n'a perdu que par surprise le Derby de 1892, Périgord, Silène, Mrs. Butterwick, gagnante des Oaks de 1893, Childwick, Raeburn, enfin Matchbox et Saint-Hilaire. Depuis 1890, Saint-Simon a toujours occupé sans conteste la première place sur la liste des étalons gagnants à la fin de chaque saison ; on peut toutefois reprocher à ses produits de manquer de résistance et ne presque jamais conserver leur forme après leur seconde saison ; en outre, ses filles ont jusqu'ici montré une supériorité marquée sur les mâles.

PEDIGREE DE SAINT-SIMON

SAINT-SIMON (Bai-Brun—1881).

GALOPIN (Bai—1872). — *Flying Duchess (Baie—1853).* / *Vedette (Bai-Brun—1854).* / *King Tom (Bai—1851).* / *Adeline (Baie—1851).*

Voltigeur (Bl.—1847) / Mrs. Ridgway (R.-1842) / Fl. Hutchinson (Bl.-1846) / Merope (B.—1841) / Harkaway (Al.—1834) / Pocahontas (B.—1837) / Ion (B.—1835) / Little Fairy (B.—1832)

Cheval	Ascendance
Voltaire (Bbr.—1826)	Blacklock p. Whitelock — f. de Coriander (Pot8os) — Wild Goose p. Highflyer (Herod)—Co-Heiress p. Pot8os — Manilla p. Goldfinder, etc. Fille de Phantom (Walton et Julia p. Whisky) — f. d'Overton — m. de Gratitude p. Walnut — f. de Ruler — Piracantha p. Matchem, etc.
Martha Lynn (Bbr.—1837)	Mulatto p. Catton (Golumpus p. **Gohanna**) — Desdemona p. Orville — Fanny p. Sir Peter — f. de Diomed — Desdemona p. Marske, etc. Leda-p. Filho da Puta — Treasure p. Camillus (Hambletonian) — f. de Hyacinthus (Coriander)—Flora p.King Fergus—Atalanta p.Matchem,etc.
Birdcatcher (Alez.—833)	Sir Hercules p. Whalebone — Peri p. Wanderer (**Gohanna**) — Thalestris p. Alexander — Rival p. Sir Peter — Hornet p. Drone (Herod), etc. Guiccioli p. Bob Booty (Chanticleer et Ierne p. Bagot) — Flight p. Irish Escape (**Commodore**) — Y. Heroïne p. Hero (Cade), etc.
Nan Darrell (Baie—1844)	Inheritor p. Lottery (Tramp et Mandane p. Pot8os) — Handmaiden p. Walton (Sir Peter) — Anticipation p. Beningbro' — Expectation, etc. Nell p. **Blacklock** — Madame Vestris p. Comus (Sorcerer) — Lisette p. Hambletonian—Constantia p. Walnut—Contessina p. Y. Marske, etc.
Bay Middleton (Bai—1833)	**Sultan** p. Selim — Bacchante p. **Williamsons' Ditto** (Sir Peter)— s. de Calomel p.Mercury (Eclipse)—f. d'Herod(Tartar)—Follyp.Marske,etc. Cobweb p.Phantom (Walton et Julia p.**Whisky**)—Filagree p.Soothsayer (Sorcerer)—Golden Locks p.Delpini—Violet p Shark—f. de Syphon,etc.
Barbelle (Baie—1836)	Sandbeck p. Catton (Golumpus p. **Gohanna**) — Orvillina p. Beningbro' (King Fergus)—Evelina p.Highflyer—Termagant p. Tantrum, etc. Darioletta p. Amadis—Selima p. Selim—f. de Pot8os — Editha p. Herod — Elfrida p. Snap — Miss Belsea p. Regulus (The Godolphin), etc.
Voltaire (Bbr.—1826)	**Blacklock** p. Whitelock — f. de Coriander (Pot8os) — Wild Goose p. Highflyer — Coheiress p. Pot8os — Manilla p. Goldfinder (Snap), etc. Fille de Phantom (Walton et Julia p. **Whisky**) — f. d'Overton — f. de Walnut (Highflyer) — f. de Ruler (Young Marske) — Piracantha, etc.
Mère de Vélocipède (Bbr.—1817)	Juniper p. **Whisky** — Jenny Spinner p. Dragon (Regulus) — s. de Soldier p. Eclipse — Miss Spindleshanks p. Omar — f. de Starling, etc. Fille de Sorcerer — Virgin p. Sir Peter — f. de Pot8os — Editha p. Herod—Elfrida p.Snap—Miss Belsea p.Regulus (The Godolphin A), etc.
Economist (Bai—1825)	Whisker p. Waxy (Pot8os et Maria p. Herod) — Penelope p. Trumpator — Prunella p. Highflyer — Promise p. Snap — Julia p. Blank, etc. Floranthe p. Octavian — Caprice p. Anvil (Herod) — Madcap p. Eclipse (Marske) — f. de Blank—f. de Blaze — f. de Young Greyhound, etc.
Fanny Dawson (Alez.—1823)	Nabocklish p. Rugantino (**Commodore** et f. d'Highflyer) — Butterfly p. Master Bagot (Bagot) — f.de Bagot—Mother Brown p. Trunnion, etc. Miss Tooley p. Teddy The Grinder (Asparagus et Stargazer p.Highflyer) — Lady Jane p. Sir Peter — Paulina p. Florizel, etc.
Glencoe (Alez.—1833)	**Sultan** p. Selim — Bacchante p. **Williamsons' Ditto** (Sir Peter) — s. de Calomel p. Mercury (Eclipse) — f. d'Herod (Tartar), etc. Trampoline p. Tramp (Dick Andrews et f. de Gohanna)—Web p.Waxy — Penelope p. Trumpator — Prunella p. Highflyer — Promise, etc.
Marpessa (Baie—1830)	Muley p. Orville — Eleanor p. Whisky — Young Giantess p. Diomed (Florizel) — Giantess p. Matchem— Molly Long Legs p. Babraham, etc. Clare p. Marmion (**Whisky** et Young Noisette) — Harpalice p. **Gohanna** — Amazon p. Driver (Trentham) p. Sweepstakes) — Fractious, etc.
Caïn (Bai—1822)	Paulowitz p. Sir Paul (Sir Peter) — Evelina p Highflyer (Herod) — Termagant p. Tantram (Cripple p. Godolphin) — f. de Sampson, etc. Fille de Paynator (Trumpator)—f. de Delpini (Highflyer)—f. de Young Marske — Gentle Kitty p. Silvio — f de Dorimond, etc.
Margaret (Bbr—1824)	Edmund p. Orville (Beningbro') — Emmeline p. Waxy — Sorcery p. Sorcerer — Cobbea p. Skyscraper — f. de Woodpecker, etc. Medora p. Selim (Buzzard)—f. de Sir Harry(Sir Peter)—f. de Volunteer (Eclipse)—f. d'Herod (Tartar) — f. de Young Herod, etc.
Hornsea (Alez.—1834)	Velocipède p. **Blacklock** — f. de Juniper (**Whisky** et Jenny Spinner p. Dragon) — f. de Sorcerer — Virgin p. Sir Peter — f. de Pot8os, etc. Fille de Cerberus (**Gohanna**) — Miss Cranfield p. Sir Peter — s. de Pugilist p.Pegasus — f. de Paymaster—Pomona p. Herod — Caroline, etc.
Lacerta (Baie—1816)	Zodiac p. Saint-George (Highflyer et s. de Soldier) — Abigail p. Woodpecker — Firetail p. Eclipse — s. de Nancy p. Blank, etc. Jerboa p. **Gohanna** — Camilla p. Trentham — Coquette p. the Compton Barb — s de Regulus — Grey Robinson p. the Bald Galloway, etc.

SAINT-ANGELA (Baie—1865).

PRINCIPAUX ÉTALONS

FAISANT

LA MONTE EN FRANCE EN 1894

SECONDE SÉRIE

BÉRENGER

(APPARTIENT A L'ADMINISTRATION DES HARAS)

Pendant la saison de monte de 1894, Bérenger sera en station à Beuxes (Vienne), où il saillira trente-cinq juments de pur-sang anglais à raison de cent francs. S'adresser à M. le Directeur du dépôt d'étalons à Saintes (Charente-Inférieure).

BÉRENGER, par the Bard, est né en 1888 au haras de Lormoy, chez M. Henri Say. Il est le cinquième produit de Boutade par Trocadéro, née en 1877 chez le baron Seillière, qui a donné également Maidenhead avec Trent. Alezan, avec une pelote en tête et une trace de balzane à la jambe hors-montoire postérieure, de bonne taille, — 1m 61, — Bérenger est très harmonieux, comme tous les produits de the Bard, dont il possède l'arrière-main développée, avec une attache de rein très forte; l'épaule a une bonne direction et une bonne longueur, mais les canons antérieurs sont bien légers, étant donné un animal de cette importance. Cette défectuosité dans sa conformation ne permit pas à Bérenger de courir à deux ans, et les muscles lui faisaient encore défaut quand il se présentait, pour ses débuts, dans le prix Lagrange de 1891, à Maisons-Laffitte. Il n'en mettait pas moins à l'ouvrage le favori Clamart, qui l'emportait tout juste d'une courte encolure; dans la Poule d'Essai des poulains, qu'il courait ensuite à Longchamps, il était battu par Le Hardy et Mardi-Gras, mais il devançait Zingaro et Miroir de Portugal; il n'était pas plus heureux dans le prix Reiset, où Guise le battait de trois longueurs, intervalle qui le séparait de Chalet, dans sa course suivante, le prix Hédouville, à Chantilly, où il finissait devant Zambo, Livie II et Wandora. Bérenger remportait sa première victoire dans le prix Mackenzie-Grieves, à la réunion d'été de Longchamps, mais il n'était pas placé dans le Grand Prix de Paris derrière Clamart et Révérend, et il était de nouveau battu par Chalet, qui lui rendait vingt-six livres pour une année dans le prix du Bel-Ebat. Il prenait alors un repos de quelques semaines et était envoyé en très bonne condition à Caen, où il enlevait de trois longueurs le Grand-Saint-Léger sur Wœnix et Primrose. Après une nouvelle victoire dans le prix des Dunes, à Deauville, sur Livie II, Fanny et Pourpoint, il était réservé pour le prix Royal Oak, où il battait sans peine Primrose, gagnante du prix de Diane, et Clamart, sur son déclin, il est vrai. Il terminait la campagne par une victoire dans le Handicap Libre où, avec 53 kilos, il battait d'une longueur et demie Primrose (3 a., 50 kil.) et Zibeline (3 a., 45 kil. 1/2), bien que la maladresse de son jockey, qui s'était laissé enfermer au dernier tournant, eût failli lui coûter la course. Bérenger inaugurait sa campagne de quatre ans (1892), en battant Révérend et Ermak, dont la condition était loin d'être parfaite, dans le prix des Sablons, à Longchamps; il battait de nouveau Révérend dans le prix du Cadran, où Guise le séparait à l'arrivée de son ancien rival, et il prenait ensuite un galop d'exercice devant Le Glorieux, dans le prix Rainbow. Il battait enfin Le Capricorne dans la troisième manche du prix la Rochette, à Chantilly. Plus heureux qu'au commencement de sa carrière, Bérenger avait eu la chance de ne rencontrer à quatre ans que des adversaires sur leur déclin, et il semblait que le prix de Deauville, à Longchamps, où il ne rencontrait que Gouverneur, ne pouvait lui échapper; mais, malgré l'aisance de ses victoires, il n'en éprouvait pas moins, dans son avant-main, une grande fatigue qui lui enlevait une partie de ses moyens. Il se laissait battre d'une longueur et demie par le fils d'Energy et était bientôt après retiré de l'entraînement. Il avait couru seize fois et gagné, par ses neuf victoires, 222.827 francs d'argent public. L'Administration des Haras, en quête d'un étalon de tête, l'achetait 160.000 francs au printemps de 1893 et l'attachait au dépôt de Saintes. Avec les deux courants de Touchstone, que possède the Bard, les trois courants de Royal Oak, qu'on trouve dans le pedigree de Boutade, Bérenger, dont les deux auteurs tiennent également à Sir Hercules, est aussi « stout bred » qu'on peut le désirer. Sa mère est, en outre, petite-fille des deux principaux chefs de la race française, Monarque et Dollar.

PEDIGREE DE BÉRENGER

Colonnes d'ascendance (de gauche à droite) :

BÉRENGER (Alezan — 1888)

- THE BARD (Alezan —1883)
  - Petrarch (Bai — 1873)
    - Lord Clifden (B.— 1860)
    - Laura (B.— 1860)
  - Magdalene (Alezane —1877)
    - My Mary (Al.—1859)
    - Sewin (Al.—1857)
- BOUTADE (Baie — 1877)
  - Trocadero (Alezan—1864)
    - Monarque (B.—1852)
    - Antonia (Al.—1851)
  - Ballerine (Alezane—1871)
    - Dollar (B.—1860)
    - Miss Bird (Rb.—1854)

Newminster (Bai — 1848)	Touchstone p. Camel (Whalebone et f. de Selim) — Banter p. Master Henry (Orville) — Boadicea p. Alexander (Eclipse) — Brunette p. Amaranthus. Beeswing p. Dr. Syntax (Paynator et f. de Beningbro') — f. d'Ardrossan (John Bull) — Lady Eliza p. Whitworth (Agonistes), etc.
The Slave (Baie — 1852)	Melbourne p. Humphrey Clinker (Comus et Clinkerina p. Clinker) — f. de Cervantes (Don Quixote) — f. de Golumpus (Gohanna), etc. Volley p. Voltaire (Blacklock et f. de Phantom) — Martha Lynn p. Mulatto (Catton) — Léda p. Filho da Puta (Haphazard) — Treasure p. Camillus.
Orlando (Bai — 1841)	Touchstone p. Camel — Banter p. Master Henry (Orville et Miss Sophia) — Boadicea p. Alexander — Brunette p. Amaranthus, etc. Vulture p. Langar — Kite p. Bustard (Castrel et Miss Hap) — Olympia p. Sir Oliver (Sir Peter et Fanny p. Diomed) — Scotilla p. Anvil, etc.
Torment (Bbr. — 1850)	Alarm p. Venison (Partisan et Fawn p. Smolensko) — Southdown p. Defence (Whalebone) — Feltona p. X. Y. Z. (Haphazard) — Janetta, etc. Fille de Glencoe p. Sultan (Selim) — Alea p. Whalebone — Hazardess p. Haphazard — f. d'Orville — Spinetta p. Trumpator — Peggy, etc.
Mentmore (Bai—1855)	Melbourne p. Humphrey Clinker — f. de Cervantes — f. de Golumpus (Gohanna) — f. de Paynator — sœur de Zodiac p. Saint-George, etc. Emerald p. Defence (Whalebone et Defiance p. Rubens) — Emiliana p. Emilius (Orville) — f. de Whisker (Waxy) — Castrella p. Castrel, etc.
Princess (Alez.—1862)	Autocrat p. Bay Middleton (Sultan et Cobweb p. Phantom) — Empress p. Emilius — Mangel Wurzel p. Merlin (Castrel) — Morel p. Sorcerer. Practice p. Euclid (Emilius et Maria p. Whisker) — Parade p. the Colonel (Whisker) — Frederica p. Moses — s. de Romana p. Gohanna, etc.
Idle Boy (Alez.—1845)	Harkaway p. Economist (Whisker et Floranthe p. Octavian) — Fanny Dawson p. Nabocklish (Ruggantino et Butterfly) — Miss Tooley, etc. Iole p. Sir Hercules (Whalebone et Peri p. Wanderer) — Cardinal Cape p. Sultan — Dulcinea p. Cervantes — Regina p. Moorcock — Rally, etc.
Alexina (Baie—1843)	Hetman Platoff p. Brutandorff (Blacklock et Mandane p. Pot8os) — f. de Comus (Sorcerer) — Marciana p. Stamford — Marcia p. Coriander. Y. Medora p. Prince (Holycock) — f. de Dorimant — Fib p. Boabdil (Rubens) — Medora p. Swordsman (Prizefighter) — f. de Trumpator.
The Baron, the Emperor ou Stings (Bbr.—1843)	Slane p. Royal Oak — f. d'Orville (Beningbro' et Evelina p. Highflyer) — Epsom Lass p. Sir Peter — Alexina p. King Fergus —Lardella, etc. Echo p. Emilius (Orville) — f. de Scud — Canary Bird p. Sorcerer — Canary p. Coriander — Miss Green p. Highflyer, etc.
Poetess (Baie—1838)	Royal Oak p. Catton — f. de Smolensko (Sorcerer) — Lady Mary p. Beningbro' — f. d'Highflyer — f. de Marske (Squirt), etc. Ada p. Whisker (Waxy)—Anna Bella p. Shuttle (Y. Marske et Vauxhall Snap Mare) — f. de Drone — Contessina p. Y. Marske, etc.
Epirus (Alez.—1834)	Langar p. Selim (Buzzard) — f. de Walton (Sir Peter) — Y. Giantess p. Diomed — Giantess p. Matchem — Molly Long Legs p. Babraham. Olympia p. Sir Oliver (Sir Peter) — Scotilla p. Anvil (Herod) — Scota p. Eclipse — Harmony p. Herod — Rutilia, sœur de Rachel, etc.
The Ward of Cheap (Baie—1843)	Colwick p. Filho da Puta (Haphazard p. Sir Peter) — Stella p. Sir Oliver (Sir Peter) — Scotilla p. Anvil — Scota p. Eclipse — Harmony, etc. Maid of Burghley p. Sultan (Selim) — Palais-Royal p. Blucher (Waxy et Pantina p. Buzzard) — Election p. mère de Rubens, f. d'Alexander.
The Flying Dutchman (Bbr. — 1846)	Bay Middleton p. Sultan (Selim) — Cobweb p. Phantom (Walton) — Filagree p. Soothsayer (Sorcerer) — Web p. Waxy — Penelope, etc. Barbelle p. Sandbeck (Catton et Orvillina p. Beningbro') — Darioletta, p. Amadis (Don Quixote) — Selima p. Selim — f. de Pot8os — Editha.
Payment (Alez.—1848)	Slane p. Royal Oak (Catton) — f. d'Orville — Epsom Lass p. Sir Peter — Alexina p. King Fergus — Lardella p. Y. Marske (Squirt), etc. Receipt p. Rowton (Oiseau et Katharina p. Woful) — f. de Sam (Scud) — Morel p. Sorcerer (Trumpator) — Hornby Lass p. Buzzard, etc.
Don John ou Birdcatcher (Alez.— 1833)	Sir Hercules p. Whalebone (Waxy) — Peri p. Wanderer (Gohanna) — Thalestris p. Alexander — Rival p. Sir Peter (Highflyer), etc. Guiccioli p. Bob Booty (Chanticleer et Ierne p. Bagot) — Flight p. Irish Escape — Y. Heroine p. Bagot — Heroine p. Hero (Cade), etc.
Image (Bbr.—1838)	Langar p. Selim (Buzzard) — f. de Walton (Sir Peter) — Y. Giantess p. Diomed — Giantess p. Matchem — Molly Long Legs, etc. Tuft p. Whisker (Waxy et Penelope p. Trumpator) — f. de Walton — Young Noisette p. Diomed — Noisette p. Squirrel, etc.

CABALLERO

(APPARTIENT A M. HENRI SAY, CH. DE LORMOY, SEINE-ET-OISE)

Pendant la saison de monte de 1894, Caballero sera en station au haras de Lormoy (station de Saint-Michel-sur-Orge, ligne d'Orléans), où il saillira un certain nombre de juments étrangères à raison de mille francs, plus 20 fr. pour l'écurie. S'adresser à M. Sarazy, comptable du haras de Lormoy par Saint-Michel-sur-Orge (Seine-et-Oise).

CABALLERO, par Perplexe (gagnant du prix Royal Oak de 1875), est né en 1889 au haras de Martinvast, chez le baron A. de Schickler ; il est le sixième produit d'une fille de lord Clifden et de the Princess of Wales, née en 1873, en Angleterre, chez M. W. S. Cartwright et importée en 1880 par M. de Schickler, auquel elle a donné également Paridjata avec Blue Gown, le Baratero avec Atlantic, et Carabinero avec Perplexe.

Bai, avec une petite lisse et deux traces de balzanes postérieures, de taille moyenne, —1m59, — Caballero est bâti en force avec le rein très large, les quartiers très développés, de bons membres et de la longueur dessous. Ses débuts eurent lieu à Caen dans le prix du Premier-Pas, où il battait d'une longueur et demie Madcap, Incitatus II et Énergique ; il gagnait ensuite le Critérium de Vincennes, avec une surcharge de cinq livres, sur Incitatus II et l'Érèbe, victoire qui le plaçait au premier rang des poulains de sa génération. Un accident d'entraînement, sorte d'entorse à un de ses membres antérieurs, ne permettait pas de le faire courir au printemps de sa troisième année, et jamais il ne devait retrouver sa forme. Il faisait sa rentrée à Longchamps, vers la fin de septembre, dans le prix de Madrid, où, sur le parcours coulant de la petite piste, il était facilement battu par Cabochon et Odin ; il gagnait ensuite, à Chantilly, le prix de Consolation, qui lui revenait de droit, sur Loto II et Austral. Caballero courait encore deux fois l'année suivante (1893); d'abord le prix des Sablons à Longchamps, où, à poids égal, il était battu d'une courte encolure par Gouverneur, puis le prix Perplexe, à Maisons, où il n'était pas placé derrière Falmouth. Envoyé au repos après cette course, il faisait partie, à la fin de la saison, du lot mis en vente publique par M. de Schickler; il était acheté 21.000 francs par M. Henri Say, et fera, en 1894, à Lormoy, sa première saison de monte. Le courant très rapproché de Lord Clifden qu'il possède par sa mère permettra avec les filles de Petrarch et du Bard des unions en dedans au degré voulu, qui doivent donner de très bons résultats.

PEDIGREE DE CABALLERO

CABALLERO (Bai — 1889)

PERPLEXE (Bai—1872) — Vermout (Bai—1861) — Péripétie (Baie—1856) — Véronille (Al.—1853) — Péronelle (Bbr.—1854) — Sting (Bbr.—1843) — Vermeille (Al.—1853) — The Nabob (Bl.—1849)

The Nob (Bai—1838)
Glaucus p. Partisan (Walton et Parasol p. Pot8os) — Nanine p. Selim — Bizarre p. Peruvian — Violante p. John Bull — s. de Skyscraper, etc.
Octave p. **Émilius** (Orville et Emily p. Stamford) — Whizgig p. Rubens (Buzzard) — Penelope p. **Trumpator** — Prunella p. Highflyer, etc.

Hester (Bbr.—1832)
Camel p. **Whalebone (Waxy** et Penelope) — f. de Selim — Maiden p. Sir Peter — f. de Phenomenon — Matron p. Florizel — Maiden, etc.
Monimia p. Muley (Orville et Eleanor p. Whisky) — s. de Petworth p. Precipitate — f. de Woodpecker — s. de Juniper p. Snap, etc.

The Baron (Alez.—1842)
Birdcatcher p. Sir Hercules (**Whalebone** et Peri p. Wanderer)—Guiccioli p. Bob Booty — Flight p. Irish Escape (Commodore), etc.
Echidna p. Economist (Whisker et Floranthe p. Octavian) — Miss Pratt p. Blacklock — Gadabout p. Orville — Minstrel p. Sir Peter, etc.

Fair Helen (Baie—1837)
Priam p. **Émilius** (Orville et Emily p. Stamford) — Cressida p. Whisky — Y. Giantess p. Diomed — Giantess p. Matchem, etc.
Dirce p. Partisan (Walton et Parasol p. Pot8os) — Antiope p. **Whalebone (Waxy)**—Amazon p. Driver (Trentham) — Fractious p. Mercury, etc.

Slane (Bai—1833)
Royal Oak p. Catton (Golumpus et Lucy Grey p. Timothy) — fille de Smolensko — Lady Mary p. Beningbro (King Fergus)—fille d'Highflyer, etc.
Fille d'Orville (Beningbro et Evelina p. Highflyer) — Epsom Lass p. Sir Peter — Alexina p. King Fergus (Eclipse)—Lardella p. Y. Marske, etc.

Echo (Baie—1828)
Emilius p. Orville (Beningbro' et Evelina p. Highflyer) — Emily p. Stamford (Sir Peter p. Highflyer) — fille de Whisky — Grey Dorimant, etc.
Fille de Scud (Beningbro' et Eliza p. Highflyer) — Canary Bird p. Sorcerer — Canary p. Coriander — Miss Green p. Highflyer, etc.

Elthiron (Bai—1846)
Pantaloon p. Castrel (Buzzard et f. d'Alexander) — Idalia p. Peruvian (Sir Peter p. Highflyer) — Musidora p. Meteor (Eclipse), etc.
Phryne p. **Touchstone** (Camel et Banter p. Master Henry) — Decoy p. Filho da Puta (Haphazard) — Finesse p. Peruvian, etc.

Breloque (Alez.—1849)
Gladiator p. Partisan (Walton et Parasol) — Pauline p. Moses (Seymour) — Quadrille p. Selim — Canary Bird p. Sorcerer — Canary, etc.
Rosa Langar p. Langar (Selim et f. de Walton) — Wild Rose p. Confederate — Primrose p. Clinker — f. de Justice — Parsley p. Pot8os, etc.

FILLE DE (Baie—1873) — Princess of Wales (Alez.—1862) — Lord Clifden (Bai—1860) — The Bloomer (B.—1856) — Stockwell (Al.—1849) — The Slave (B.—1852) — Newminster (B.—1848)

Touchstone (Bbr.—1831)
Camel p. **Whalebone (Waxy)** — f. de Selim —Maiden p. Sir Peter — f. de Phenomenon— Matron p. Florizel — Maiden p. Matchem, etc.
Banter p. Master Henry (Orville) — Boadicea p. Alexander (Eclipse) — Brunette p. Amaranthus — Mayfly p. Matchem, etc.

Beeswing (Baie—1833)
Dr. Syntax p. Paynator (Trumpator et f. de Marc Anthony) — f. de Beningbro' — Jenny Mole p. Carbuncle (Babraham), etc.
Fille d'Ardrossan (John Bull et Miss Whip p. Volunteer) — Lady Eliza p. Whitworth (Agonistes) — f. de Spadille (Highflyer), etc.

Melbourne (Bai—1834)
Humphrey Clinker p. Comus (Sorcerer et Houghton Lass p. Sir Peter) — Clinkerina p. Clinker (Sir Peter) — Pewet p. Tandem (Syphon), etc.
Fille de Cervantès (Don Quixote et Evelina p. Highflyer) — f. de Golumpus (Gohanna) — f. de Paynator — s. de Zodiac p. St-George, etc.

Volley (Baie—1845)
Voltaire p. **Blacklock** (Whitelock et f. de Coriander) — f. de Phantom (Walton) — f. d'Overton — m. de Gratitude p. Walnut, etc.
Martha Lynn p. Mulatto (Catton et Desdemona p. Orville) — Leda p. Filho-da-Puta — Treasure p. Camillus (Hambletonian), etc.

The Baron (Alez.—1842)
Birdcatcher p. Sir Hercules (**Whalebone**) — Guiccioli p. Bob Booty — Flight p. Irish Escape — Y. Heroine p. Bagot—Heroine p. Hero, etc.
Echidna p. Economist (Whisker)—Miss Pratt p. Blacklock— Gadabout p Orville — Minstrel p. Sir Peter — Matron p. Florizel, etc.

Pocahontas (Baie—1837)
Glencoe p. Sultan (Selim) — Trampoline p. Tramp — Web p. **Waxy** — Penelope p. Trumpator—Prunella p. Highflyer—Promise p. Snap, etc.
Marpessa p. Muley (Orville) — Clare p. Marmion — Harpalice p. Gohanna — Amazon p. Driver — Fractious p. Mercury, etc.

Melbourne (Bbr.—1834)
Humphrey Clinker p. Comus (Sorcerer)—Clinkerina p. Clinker (Sir Peter) — Pewet p. Tandem (Syphon) — Termagant p. Tautrum, etc.
Fille de Cervantès (Don Quixote) — f. de Golumpus (Gohanna) — f. de Paynator— s. de Zodiac p. St-George— Abigail p. Woodpecker, etc.

Lady Sarah (Alez.—1841)
Velocipede p. **Blacklock**—f. de Juniper (Whisky)—f. de Sorcerer (Trumpator) — Virgin p. Sir Peter — f. de Pot8os — Editha, etc.
Lady Moore Carew p. Tramp (Dick Andrews) — Kite p. Bustard (Castrel) —Olympia p. Sir Oliver (Sir Peter)—Scotilla p. Anvil—Scota p. Eclipse.

CHÊNE-ROYAL

(APPARTIENT A MM. LE COMTE DE TRACY, LE BARON DE RAVIGNAN ET LE COMTE
VICTOR DE TRACY)

*Pendant la saison de monte de 1894, Chêne-Royal sera en station au haras de la Boulie,
près Versailles, où il saillira quinze juments étrangères au haras, à raison de mille
francs, plus 20 francs pour l'écurie. S'adresser à M. le comte de Tracy, 37, rue de la
Boetie, à Paris.*

CHÊNE-ROYAL, par Narcisse, est né en 1889, au haras de Martinvast, chez le baron
A. de Schickler; il est le sixième produit de Perplexité, née en 1878, chez M. de Schickler, qui a donné également Fitz Roya avec Atlantic, et Tournesol avec Le Destrier. Bai,
avec une lisse en tête, et trois balzanes dont une postérieure gauche, avec un peu de
blanc au boulet postérieur droit, Chêne-Royal est un cheval de grande taille, — 1^{m}64,
— avec un dessus magnifique, une belle longueur d'épaule, une arrière-main très forte,
et des quartiers très larges; il est un peu long-jointé et léger sous le genou et ses
aplombs antérieurs ne sont pas réguliers. Chêne-Royal, encore à peine dégrossi, fit
ses débuts dans le prix la Rochette (Triennal) de 1891, et, malgré sa condition im-
parfaite, il battit de loin Socrate, Saint-Michel et Rueil. Celui-ci, auquel convenait peu
la montée de Fontainebleau où avait lieu ce jour-là la dernière réunion donnée par la
Société d'Encouragement, prenait sa revanche six semaines plus tard dans le prix
Éclipse, à Maisons-Laffitte. Le terrain très détrempé ne pouvait, il est vrai, convenir
à un poulain de l'importance de Chêne-Royal, encore aussi imparfaitement soudé. En
1892, le fils de Narcisse commençait la saison par une facile victoire dans la seconde
manche du prix la Rochette (2.200^m), où il battait Bucentaure, Saint-Michel et Rueil,
ce dernier à peine en demi-condition; puis, il enlevait, avec la même aisance, la
Grande Poule des Produits sur Madcap et Jupon, et gagnait enfin le prix du Jockey-
Club, où il battait d'une longueur son compagnon d'écurie Fra Angelico, puis Bucentaure, Saint-Michel, Amadis II, etc. Dans le Grand Prix de Paris, dont le parcours
accidenté convenait peu à la disposition de ses membres antérieurs, Chêne-Royal
devait se contenter de la troisième place, à trois longueurs derrière Rueil et Courlis;
il ne précédait que d'une encolure Bucentaure, dont il avait eu si facilement raison
quinze jours avant. Il terminait la saison en battant d'une demi-longueur, dans le
prix Royal Oak (3.000^m), Fra Angelico et Aquarium. Chêne-Royal ne courait qu'une
seule fois à quatre ans (1893) dans le prix du Cadran, où il faisait une sorte de
walk-over, Fra-Angelico seul lui ayant été opposé. L'extrême sécheresse du printemps de 1893 l'ayant très éprouvé, son propriétaire ne lui faisait pas courir la troisième manche du prix la Rochette, qui n'aurait guère pu lui échapper, et le retirait de
l'entraînement. Il avait couru huit fois, gagné six courses et 370.025 fr. d'argent public.
A l'automne suivant, Chêne-Royal, mis en vente publique par son propriétaire, était
acheté pour un prix dérisoire (31.000 fr.). En dehors de sa brillante série de victoires,
qui le placent à la tête de la production de 1889, Chêne-Royal appartient, en ligne
directe et très rapprochée, aux deux des meilleures familles françaises : du côté paternel, il tient de très près à Monarque; sa mère, Perplexité, est petite-fille de Vermout, et possède en même temps un courant très rapproché de King-Tom.

PEDIGREE DE CHÊNE-ROYAL

CHÊNE-ROYAL (Bai—1889).	NARCISSE (Bai—1876).	Trocadéro (Alezan—1864).	Monarque (B.—1852)	The Baron, the Emperor ou Sting* (Bbr. — 1843)	Slane p. Royal Oak (Catton et f. de Smolensko) — f. d'Orville — Epsom Lass p. Sir Peter—Alexina p. King Fergus—Lardella p. Y Marske, etc. Echo p. Emilius (Orville et Emily p. Stamford)— f. de Scud (Beningbro), — Canary Bird p. Sorcerer — Canary p. Coriander (Pot8os), etc.
				Poetess (Baie—1838)	Royal Oak p. Catton (Golumpus et Lucy Grey p. Thimothy) — f. de Smolensko (Sorcerer et Wowski p. Mentor) — Lady Mary p. Beningbro'. Ada p. Whisker (Waxy et Penelope p. Trumpator) — Anna Bella p. Shuttle (Y. Marske et Vauxhall Snap mare) — f. de Drone, etc.
			Antonia (Al.—1851)	Epirus (Alez.—1834)	Langar p. Selim (Buzzard et f. d'Alexander)—f. de Walton (Sir Peter) —Y. Giantess p. Diomed—Giantess p. Matchem—Molly Long Legs, etc. Olympia p. Sir Oliver (Sir Peter et Fanny p. Diomed)— Scotilla p. Anvil (Herod) — Scota p. Eclipse — Harmony p. Herod, etc.
				The Ward of Cheap (Baie—1843)	Colwick p. Filho da Puta (Haphazard et Mrs. Barnet p. Waxy) — Stella p. Sir Oliver (Sir Peter et Fanny p. Diomed) — Scotilla p. Anvil, etc. Maid of Burghley p. Sultan (Selim et Bacchante p. Williamsons' Ditto) — Palais-Royal p. Blucher (Waxy et Pantina p. Buzzard), etc.
		Julia Peel (Baie—1864).	Amsterdam (B.—1854)	The Flying Dutchman (Bbr. — 1846)	Bay Middleton p. Sultan (Selim)— Cobweb p. Phantom (Walton) — Filagree p. Soothsayer — Web p. Waxy — Penelope p. Trumpator, etc. Barbelle p. Sandbeck (Catton et Orvillina p. Beningbro) — Darioletta p. Amadis (Don Quixote) — Selima p. Selim — f. de Pot8os, etc.
				Sudbury ex Elei (Alez.—1843)	Elis p. Langar (Selim et fille de Walton) — Olympia p. Sir Oliver (Sir Peter) — Scotilla p. Anvil — Scota p. Eclipse — Harmony p. Herod. Young Sweetpea p. Godolphin (Partisan et Ridicule p. Shutle) — Sweetpea p. Selim — Pea Blossom p. Don Quixote — f. de Pipator, etc.
			Far Away (B.—1852)	Orlando (Bai—1841)	Touchstone p. Camel (Whalebone et f. de Selim)—Banter p. Master Henry (Orville) — Boadicea p. Alexander — Brunette p. Amaranthus, etc. Vulture p. Langar (Selim et fille de Walton) — Kite p. Bustard (Castrel) — Olympia p. Sir Oliver — Scotilla p. Anvil — Scota p. Eclipse, etc.
				Boarding School-Miss (Baie—1849)	Plenipotentiary p. Emilius (Orville et Emily p. Stamford) — Harriet p. Pericles — f. de Selim (Buzzard) — Pipylina p. Sir Peter (Highflyer). Marpessa p. Muley (Orville et Eleanor p. Whisky) — Clare p. Marmion (Whisky) — Harpalice p. Gohanna — Amazon p. Driver, etc.
	PERPLEXITE (Baie—1878).	Perplexe (Baie—1872).	Vermont (B.—1861)	The Nabob (Bbr.—1849)	The Nob p. Glaucus (Partisan et Nanine p. Selim) — Octave p. Emilius (Orville)—Whizgig p. Rubens (Buzzard)—Penelope p. Trumpator, etc. Hester p. Camel (Whalebone et f. de Selim)— Monimia p. Muley (Orville) — s. de Petworth p. Precipitate — f. de Woodpecker, s. de Juniper.
				Vermeille ex-Merveille (Alez.— 1853)	The Baron p. Birdcatcher (Sir Hercules et Guiccioli p. Bob Booty) — Echidna p. Economist (Whisker) — Miss Pratt p. Blacklock, etc. Fair Helen p. Priam (Emilius et Cressida p. Whisky) — Dirce p. Partisan (Walton) — Antiope p. Whalebone (Waxy) — Amazon p. Driver, etc.
			Péripétie (B.—1866)	Sting (Bbr. — 1843)	Slane p. Royal Oak (Catton et f. de Smolensko) — f. d'Orville — Epsom Lass p. Sir Peter—Alexina p. King Fergus) — Lardella p. Y. Marske. Echo p. Emilius (Orville et Emily p. Stamford) — f. de Scud — Canary Bird p. Sorcerer — Canary p. Coriander — Miss Green p. Highflyer.
				Péronelle (Bbr.—1844)	Elthiron p. Pantaloon (Castrel et Idalia p. Peruvian)—Phryne p. Touchstone — Decoy p. Filho da Puta (Haphazard) — Finesse p. Peruvian, etc. Breloque p. Gladiator (Partisan et Pauline p. Moses) — Rosa Langar p. Langar (Selim)—Wild Rose p. Confederate — Primrose p. Clinker.
		Fille de (Baie—1860).	King-Tom (B.—1851)	Harkaway (Alez.—1834)	Economist p. Whisker (Waxy et Penelope p. Trumpator) — Floranthe p. Octavian — Caprice p. Anvil — Madcap p. Eclipse — f. de Blank. Fanny Dawson p. Nabocklish (Rugantino et Butterfly p. Master Bagot) — Miss Tooley p. Teddy The Grinder. — Lady Jane p. Sir Peter, etc.
				Pocahontas (Baie—1837)	Glencoe p. Sultan (Selim) — Trampoline p. Tramp (Dick Andrews) — Web p. Waxy — Penelope p. Trumpator — Prunella p. Highflyer, etc. Marpessa p. Muley (Orville et Eleanor p. Whisky) — Clare p. Marmion (Whisky) — Harpalice p. Gohanna (Mercury) — Amazon p. Driver, etc.
			Macement (B.—1851)	Sweetmeat (Bbr. — 1842)	Gladiator p. Partisan (Walton et Parasol p. Pot8os)—Pauline p. Moses —Quadrille p. Selim — Canary Bird p. Sorcerer — Canary p. Coriander. Lollypop p. Voltaire (Blacklock et f. de Phantom) — Belinda p. Blacklock — Wagtail p. Prime Minister — f. d'Orville — Miss Grimstone, etc.
				Hybla (Baie— 1846)	The Provost p. The Saddler (Waverley et Castrellina, p. Castrel) — Rebecca p. Lottery (Tramp) — f. de Cervantes — Anticipation, etc. Otisina p. Liverpool (Tramp et f. de Whisker)—Otis p. Bustard (Buzzard) — m. de Gayhurst p. Élection (Gohanna) — s. de Skyscraper, etc.

CHESTERFIELD

(APPARTIENT A M. ROBERT LEBAUDY)

Pendant la saison de monte de 1894, Chesterfield sera en station au haras de Villebon, près Palaiseau (Seine-et-Oise), où il saillira un certain nombre de juments étrangères au haras à raison de deux mille cinq cents francs, plus 20 fr. pour l'écurie, avec cette réserve que la moitié du prix de saillie des juments reconnues vides sera remboursée. S'adresser à M. Robert Lebaudy, 2, avenue Vélasquès, à Paris.

CHESTERFIELD, par Wisdom, est né en 1888 au Hinnington stud, chez M. A. Hoole ; il est le huitième produit de Bramble, par See Saw, née en 1874 chez lord Wilton, qui a donné également, Shy avec Blinkhoolie et est morte en 1892. Chesterfield est un cheval alezan, de bonne taille, — 1m 60, — avec une pelote en tête et une trace de balzane à la jambe montoire postérieure, très séduisant malgré ses oreilles tombantes ; l'épaule est un peu courte, mais la côte est ronde, le rein bien attaché, les quartiers bien développés, les canons courts et les membres très forts. Acheté à la vente des yearlings de M. A. Hoole 720 guinées par M. G. Cleveland, Chesterfield fit ses débuts à deux ans dans les Coventry Stakes, à Ascot, où il n'était pas placé derrière the Deemster et Siphonia ; il n'était pas plus heureux dans les Soltykoff Stakes, à Newmarket, gagnés par Belvidera ; mais il battait à Lewes, de trois longueurs, dans les Priory Stakes, Martenhurst, qui venait de gagner les Great Two Year Old Stakes de Kempton Park. Il gagnait ensuite, à Stockton, la Wynyard plate sur Bracken et Cleator ; second derrière Old Boots, auquel il rendait dix livres, dans les Tattersall Sale Stakes, à Doncaster, il battait le surlendemain, à poids égal, dans le Rous plate, le gagnant des July Stakes, Beauharnais. Il terminait la saison à Derby, dans les Doveridge Stakes, où il n'était pas placé derrière Breach. Un peu éprouvé par ces épreuves sévères contre des chevaux d'ordre, Chesterfield courait trois fois seulement, sans être placé, pendant sa troisième année, les Ascot Stakes (3.200m), où il était handicapé à 45 kilos, le Cesarewitch, où il portait le même poids, et le Rose plate (3.200m). Acheté par M. J.-T. Davies, il commençait sa quatrième année (1892) par une brillante victoire dans l'Empress Prize (2.000m) à Kempton Park, où, handicapé à 45 kil. 1/2, il battait facilement Vasistas (6 a., 56 kil.) et Lower Boy (3 a., 53 kil.). Quatrième avec 49 kil. dans le Trafford handicap, à Manchester, non placé derrière Nunthorpe dans le Liverpool Cup, il battait facilement, à neuf livres pour deux années, Barmecide dans le Castle handicap (2.400m), à Windsor, où il était lui-même battu le surlendemain, dans l'August handicap (1.600m), par Lifeguard, auquel il rendait trente-quatre livres et une année. Second derrière Iddesleigh, dans un welter plate, à Doncaster, il enlevait, à la même réunion, le Doncaster Cup (3.200m) où, avec 59 kilos, il battait Thessalian (3 a., 52 kil. 1/2), Brandy, Ragimunde et Houndsditch. Il courait ensuite sans succès à Northampton et à Manchester dans le Cup d'automne. Acheté 75.000 francs par M. Robert Lebaudy, au printemps de 1893, Chesterfield commençait sa cinquième année dans les Ellesmere Stakes (1.600m), au premier meeting de juillet, à Newmarket, où il finissait second derrière Lower Boy ; à la seconde réunion de juillet, il battait de six longueurs First Consul, dans le Reach Plate ; puis, après avoir pris la troisième place dans le Stockton handicap, il enlevait d'une longueur et demie, portant 57 kilos, le Great Yorkshire handicap à Doncaster, sur Cuttlestone, Hay Park, Paddy, etc. Il quittait le turf sur cette victoire après avoir fait preuve d'une grande endurance et gagné 115.900 francs d'argent public. A l'automne de 1893, il était envoyé au haras de Villebon. Chesterfield est le seul représentant autorisé qu'eût en France Wisdom, dont la production est très appréciée en Angleterre, à raison de la vitesse et de l'endurance réunies dont elle a fait preuve à maintes reprises.

PEDIGREE DE CHESTERFIELD

Ascendance (lecture verticale, de gauche à droite) :

- CHESTERFIELD (Alezan—1888). — Importé en 1893.
- BRAMBLE (Baie—1874).
- Sylva (Bai-Brune—1866).
- WISDOM (Bai—1853).
- Aline (Alezane—1862).
- See Saw (Baie—1865).
- Blinkhoolic (Bai—1864).
- Lady Evelyn (B.—1847).
- Jeu-d'Esprit (B.—1852).
- Stockwell (Al.—1849).
- Queen-Mary (B.—1843).
- Rataplan (Al.—1850).
- Margery-Daw (B.—1856).
- Y. Melbourne (Bh.—1855).
- Buccaneer (Bh.—1857).

The Baron (Alez.—1842)	Birdcatcher p. Sir Hercules (Whalebone p. **Waxy**) — Guiccioli p. Bob-Booty—Flight p. Irish Escape (Commodore)—Young Heroine p. Bagot. Echidna p. Economist (Whisker p. **Waxy**)— Miss Pratt p. Blacklock—Gadabout p. Orville —Minstrel p. Sir Peter— Matron p. Florizel, etc.
Pocahontas (Baie — 1837)	Glencoe p. Sultan (Selim)—Trampoline p. Tramp — Web p. **Waxy** — Penelope p. Trumpator—Prunella p. Highflyer — Promise p. Snap. Marpessa p. Muley (**Orville**) —Clare p. Marmion (Whisky)—Harpalice p. Gohanna —Amazon p. Driver—Fractious p. Mercury, etc.
Gladiator (Alez.—1833)	Partisan p. Walton (Sir Peter)—Parasol p. Pot8os — Prunella p. Highflyer —Promise p. Snap (Snip)— Julia p. Blank, etc. Pauline p. Moses (Seymour)—Quadrille p. Selim—Canary Bird p. Sorcerer — Canary p. Coriander—Miss Green, p. Highflyer, etc.
Fille de (Baie — 1840)	Plenipotentiary p. Emilius (**Orville**)—Harriet p. Pericles—f. de Selim — —Pipylina p. Sir Peter—Rally p. Trumpator — Fancy p Florizel, etc. Myrrha p. Whalebone (**Waxy**)— Gift p.Young Gohanna—s. de Grazier p. Sir Peter—f. de Trumpator—f. d'Herod—f. de Snap, etc.
The Baron (Alez.—1842)	Birdcatcher p. Sir Hercules (Whalebone p. **Waxy**)—Guiccioli p. Bob Booty (Chanticleer et Ierne p. Bagot)— Flight p. Irish Escape, etc. Echidna p. Economist (Whisker p. **Waxy** et Floranthe p. Octavian)—Miss Pratt p. Blacklock—Gadabout p. Orville—Minstrel p. Sir Peter.
Pocahontas (Baie — 1837)	Glencoe p. Sultan (Selim et Bacchante p. Williamsons' Ditto) — Trampoline p. Tramp — Web p. **Waxy** —Penelope p. Trumpator, etc. Marpessa p. Muley (Orville et Eleanor p. Whisky)— Clare p. Marmion (Whisky) — Harpalice p Gohanna — Amazon p. Driver, etc.
Flatcatcher (Bai—1845)	Touchstone p. Camel (Whalebone p. **Waxy**) — Banter p. Master Henry (Orville)— Boadicea p. Alexander — Brunette p. Amaranthus, etc. Decoy p. Filho da Puta (Haphazard et Mrs. Barnet p. **Waxy**)—Finesse p. Peruvian—Violante p. John Bull — s. de Skyscraper, etc.
Extempore (Baie—1840)	Emilius p. **Orville** (Beningbro')— Emily p. Stamford — f. de Whisky —Grey Dorimant p. Dorimant (Otho)—Dizzy p Blank—Dizzy p. Driver. Maria p. Whisker (**Waxy**)—Gibside Fairy p. Hermes— Vicissitude p. Pipator—Beatrice p. Sir Peter—Pyrrha p. Matchem, etc.
Wild Dayrell (Bbr.—1852)	Ion p. Cain (Paulowitz et f. de Paynator) — Margaret p. Edmund (Orville et Emmeline p. **Waxy**)—Medora p. Selim, etc. Ellen Middleton p. Bay Middleton (Sultan) — Myrrha p. Maleck (Blacklock)— Bessy p. Y. Gouty —Grandiflora, etc.
Fille de (Alez.—1841)	Little Red Rover p. Tramp (Dick Andrews et f. de Gohanna) — Miss Syntax p. Paynator —f. de Beningbro'(King Fergus), etc. Eclat p. Edmund (Orville et Emmeline p. **Waxy**).— Berenice p. Alexander —Brunette p. Amaranthus. Squirt p. Soothsayer (Sorcerer).
Brocket (Bbr. — 1850)	**Melbourne** p Humphrey Clinker (Comus)—f.de Cervantes (Don Quixote) — f. de Golumpus (Gohanna) — f. de Paynator (Trumpator), etc. Miss Slick p. Muley Moloch (Muley p.**Orville**)—f. de Whisker (**Waxy**) — f. de Sam (Scud) — Morel p. Sorcerer, etc.
Protection (Baie — 1845)	Defence p. Whalebone (**Waxy**)—Defiance p. Rubens (Buzzard) — Little Folly p. Highland Fling (Spadille), etc. Testatrix p. **Touchstone** (Camel, fils de Whalebone p.**Waxy**)—Y Worry p. Emilius (**Orville**) — Worry p. Woful (**Waxy**), etc.
Melbourne (Bbr. — 1834)	Humphrey Clinker p. Comus (Sorcerer) — Clinkerina p. Clinker (Sir Peter) — Pewet p. Tandem (Syphon) — Termagant p. Tantrum, etc. Fille de Cervantes (Don Quixote et Evelina p. Highflyer)—f. de Golumpus—f. de Paynator — s. de Zodiac p. St-George, etc.
Clarissa (Baie — 1846)	Pantaloon p. Castrel (Buzzard et f. d'Alexander) — Idalia p. Peruvian (Sir Peter) — Musidora p. Meteor (Eclipse), etc. Fille de Glencoe (Sultan) — Frolicsome p. Frolic (Hedley et Frisky p. Fidget) — f. de Stamford (Sir Peter) — Alexina p. King Fergus, etc.
Don John (Bai—1835)	Waverley p. Whalebone (**Waxy** et Penelope p. Trumpator) — Margaretta p. Sir Peter - s. de Cracker p. Highflyer—Nutcracker p. Matchem. Fille de Comus (Sorcerer et Houghton Lass p. Sir Peter) — Marciana p. Stamford — Marcia p. Coriander — Faith p. Pacolet, etc.
Industry (Bbr. — 1835)	Priam p. Emilius (**Orville** et Emily p. Stamford)—Cressida p. Whisky — Young Giantess p. Diomed (Florizel) — Giantess p. Matchem,etc. Arachne p Filho da Puta (Haphazard et Mrs.Barnet p.**Waxy**)—Treasure p. Camillus — f. d'Hyacinthus —Flora p. King Fergus, etc.

ESPION

(APPARTIENT A L'ADMINISTRATION DES HARAS)

Pendant la saison de monte de 1894, Espion sera en station à Tarbes, où il saillira trente-cinq juments de pur sang anglais, à raison de soixante francs. S'adresser à M. le Directeur du dépôt d'étalons, à Tarbes (Hautes-Pyrénées).

Espion, par Manoël, est né en 1888 à Morthemer (Vienne), chez le comte Étienne de Beauchamps; il est le troisième produit d'Eusebia, par Trocadéro, née en 1875, chez M. Paul Aumont. Espion est un cheval alezan, avec une balzane antérieure droite, et une petite balzane postérieure droite, de bonne taille, — 1 m 61, — régulièrement construit, harmonieux dans son ensemble, mais un peu borné dans ses lignes; il possède des membres excellents. Acheté par le baron de Soubeyran à M. Thonnard du Temple, chez lequel il avait été élevé, Espion courut pour la première fois à deux ans, dans le prix de Sablonville, à Longchamps, où il n'était pas placé derrière Darling et Saint-Barnabé. Sa condition était plus avancée, quand il battit Jet-d'Eau et La-Do-Ré, dans le prix des Chênes. Il était ensuite envoyé à Marseille où il était à deux reprises battu par Laurier. Espion faisait sa rentrée à Longchamps, au printemps suivant (1891), dans le prix de Lutèce, où il était battu par Zelandaise et Le Hardy, entre autres; second derrière Zambo, dans le prix des Cars, et derrière Béarnais dans le prix du Mandinet, à Maisons-Laffitte, il battait, sur ce dernier hippodrome, Goum et Silex de dix longueurs dans le prix du Capeyron, et enlevait, quelques jours après, le prix des Acacias, à Longchamps, sur Fanny, Clarisse, Séraphine II et Goguenard II. Il gagnait encore le prix du Malleret (1.600 m), où il battait Brucite et Fanny, mais dans le prix d'Ispahan (2.200 m), il devait se contenter de la troisième place, après une arrivée très disputée, derrière Amazone et Zibeline. A Deauville, sur les 1.000 mètres du prix de Meautry, il était battu par Réveillé; mais il avait facilement raison de The Minstrel et de Xylander dans le prix du Chemin de Fer (1.600m). Il courait ensuite à Maisons le handicap de la Tamise (1.800 m.) où, portant 55 kilos et demi, il était de nouveau battu par Zibeline (3 a., 40 kilog. 1/2), et par Moineau; après sa victoire sur Yellow et Le Capricorne, dans le prix du Prince d'Orange (2.400 m.) à Longchamps, Espion prenait la seconde place à une tête de Floréal, auquel il rendait trois livres dans le prix d'Octobre, devançant Gouverneur de deux longueurs. Il courait deux fois encore à Chantilly, le prix de la Forêt et le handicap de la Faisanderie, sans succès d'ailleurs. Au début de sa quatrième année, Espion se présentait dans le prix des Sablons, à Longchamps, dont le champ comprenait Bérenger, Révérend et Ermak, tous d'une classe sensiblement supérieure à la sienne. Il n'y était pas placé, mais il battait huit jours après, dans la Bourse, Gouverneur à six livres, et Floréal à poids égal. Sa défaite par Avoir et Primrose, dans le prix de la Seine (2.400 m.), était suivie d'une facile victoire sur Programme et Le Nuvion, sur les 4.000 mètres du prix de Dangu, à Chantilly. Handicapé à 62 kilos, il courait ensuite le prix Castries, à Longchamps, où il était battu d'une longueur et demie par Zette (4 a., 48 kil. 1/2); mais il devançait Saint-Pair-du-Mont, Aquarium et Zélandaise (4 a., 55 kil.). Il était moins heureux dans le prix de Longchamps, où il portait encore le top-weight. Il était alors envoyé à Aix-les-Bains, où il gagnait facilement le prix de la Société des Courses, puis à Vichy, où il subissait deux défaites dans le prix de Chagny et le Grand Prix, où il était handicapé à 62 kilos, rendant treize livres au vainqueur, Le Cordouan. Il faisait enfin sa dernière apparition sur le turf à Longchamps, dans le prix de Bois-Roussel, où il battait Primrose, Programme et Floréal. Il avait fait preuve d'une grande endurance, de vitesse et de tenue à la fois et avait droit à un des premiers rangs parmi les chevaux de seconde classe de sa génération. Espion était, en 1893, acheté 50.000 francs par l'Administration des Haras, qui l'attachait au dépôt de Tarbes. Il tient de très près à Monarque, dont il possède trois courants rapprochés, et à Partisan, dont le nom se trouve quatre fois dans son pedigree, mais à un degré plus éloigné. On retrouve donc chez lui l'union classique du sang de Monarque et de Gladiator, qui a si souvent donné d'excellents résultats.

PEDIGREE D'ESPION

ESPION (Alezan—1888)				Ancêtre	Pedigree
MANOEL (Bai—1880)	Flageolet (Alez.—1872)	La Favorite (B.—1863)		Trumpeter (Alez.—1856)	Orlando p. Touchstone (Camel et Banter) — Vulture p. Langar (Selim) — Kite p. Bustard (Castrel) — Olympia p. Sir Oliver, etc. Cavatina p. Redshank (Sandbeck et Johanna p. Selim) — Oxygen p. Emilius (Orville) — Whizgig p. Rubens—Penelope p. Trumpator, etc.
				Fille de (Baie.—1853)	Planet p. Bay Middleton (Sultan et Cobweb p. Phantom) — Plenary p. .milius — Harriet p. Pericles—f. de Selim—Pipylina p. Sir Peter, etc. Alice Bray p. Venison (Partisan et Fawn p. Smolensko) — Darkness p. Glencoe (Sultan) — Fanny p. Whisker (Waxy) — f. de Camillus, etc.
		Plutus (B.—1870)		Monarque (Bai. — 1852)	The Baron, The Emperor ou Sting*(Slane p. Royal Oak) — Echo p. Emilius — f. de Scud (Whisky) — Canary Bird p. Sorcerer, etc. Poetess p. **Royal Oak** (Catton et f. de Smolensko) — Ada p. Whisker (Waxy) — Anna Bella p. Shuttle — f. de Drone, etc.
				Constance (Alez.—1848)	**Gladiator** p. **Partisan** (Walton) — Pauline p. Moses (Seymour) — Quadrille p. Selim—Canary Bird p. Sorcerer—Canary p. Coriander, etc. Lanterne p. Hercule (Rainbow et Aimable p. Election) — Elvira p. Eryx (Milo) — Coral p. Orville — Fairing p. Waxy — Rally p. Trumpator, etc.
	Vestale (Baie—1872)	Patricien (B.—1864)		Monarque (Bai — 1852)	The Baron, The Emperor ou Sting* p. Slane (**Royal Oak** et f. d'Orville) — Echo p. Emilius (Orville) — f. de Scud — Canary Bird, etc. Poetess p. **Royal Oak** — Ada p. Whisker — Anna Bella p. Shuttle — f. de Drone (Herod) — Contessina p. Young Marske, etc.
				Papillotte (Baie.— 1856)	**Gladiator** p. **Partisan** — Pauline p. Moses — Quadrille p. Selim — Canary Bird p. Sorcerer — Canary p. Coriander, etc. Agar p. Sting (Slane p. **Royal Oak**) — Georgina p. Rainbow (Walton) — Leopoldine p. Hedley (Sir Peter) — Gramarie p. Sorcerer, etc.
		Annette (Al.—1848)		Gladiator (Alez.—1833)	**Partisan** p. Walton (Sir Peter et Arethusa p. Dungannon) — Parasol p. Pot8os — Prunella p. Highflyer — Promise p. Snap, etc. Pauline p. Moses (Seymour et f. de Gohanna) — Quadrille p. Selim — Canary Bird p. Sorcerer — Canary p. Coriander, etc.
				Annetta (Alez.—1839)	Ibrahim p. Sultan (Selim et Bacchante p. Williamsons' ditto) — f. de Phantom (Walton) — Filagree p. Soothsayer (Sorcerer), etc. Miss Annette p. Reveller (Comus et Rosette p. Beningbro') — Ada p. Whisker (Waxy) — Anna Bella p. Shuttle — f. de Drone, etc.
EUSEBIA (Baie—1875)	Trocadero (Alezan—1864)	Monarque (B.—1852)		The Baron, the Emperor ou Sting* (Bbr. — 1843)	Slane p. **Royal Oak** — f. d'Orville (Beningbro' et Evelina p. Highflyer) — Epsom Lass p. Sir Peter — Alexina p. King Fergus, etc. Echo p. Emilius (Orville) — f. de Scud — Canary Bird p. Sorcerer — Canary p. Coriander — Miss Green p. Highflyer, etc.
				Poetess (Baie.—1838)	**Royal Oak** p. Catton — f. de Smolensko (Sorcerer et Wowski p. Mentor) — Lady Mary p. Beningbro' — f. d'Highflyer, etc. Ada p. Whisker (Waxy) — Anna Bella p. Shuttle (Y. Marske et Vauxhall Snap Mare) — f. de Drone — Contessina p. Y. Marske, etc.
		Antonin (Al.—1851)		Epirus (Alez.—1834)	Langar p. Selim (Buzzard et f. d'Alexander) — f. de Walton (Sir Peter) — Y. Giantess p. Diomed — Giantess p. Matchem, etc. Olympia p. Sir Oliver (Sir Peter et Fanny p. Diomed) — Scotilla p. Anvil (Herod) — Scota p. Eclipse — Harmony p. Herod, etc.
				The Ward of Cheap (Baie.—1843)	Colwick p. Filho da Puta (Haphazard et Mrs. Barnet p. Waxy) — Stella p. Sir Oliver — Scotilla p. Anvil — Scota p. Eclipse, etc. Maid of Burghley p. Sultan (Selim) — Palais-Royal p. Blucher (Waxy et Pantina p. Buzzard) — Election p. m. de Rubens, etc.
	Esméralda (Baie—1862)	Nuncio (B.—1839)		Plenipotentiary (Alez.—1831)	Emilius p. Orville — Emily p. Stamford (Sir Peter) — f. de Whisky (Saltram) — Grey Dorimant p. Dorimant (Otho) — Dizzy p. Blank, etc. Harriet p. Pericles (Evander et f. de Precipitate) — f. de Selim — Pipylina p. Sir Peter—Rally p. Trumpator—Fanny (s. de Diomed), etc.
				Ally (Baie.—1818)	**Partisan** p. Walton (Sir Peter) — Parasol p. Pot8os — Prunella p. Highflyer (Herod) — Promise p. Snap—Julia p. Blank (Godolphin), etc. Jest p. Waxy (Pot8os et Maria p. Herod) — Scotia p. Delpini— f. de King Fergus — Cœlia p. Herod — Proserpine, s. d'Eclipse, etc.
		Lady Henriet. (B.-1843)		Y. Emilius ou Physician* (Bai. — 1829)	Brutandorff p. Blacklock (Whitelock et f. de Coriander) — Mandane p. Pot8os — Young Camilla p. Woodpecker (Herod), etc. Primette p. Prime Minister (Melbourne et Pantalonade p. Pantaloon) — Miss Paul p. Sir Paul (Sir Peter) — Miss Donnington p. Shuttle, etc.
				Miss Tandem (Baie.—1830)	Tandem p. Rubens (Buzzard et f. d'Alexander) — Jannette p. King Bladud (Fortunio) — Drug p. Precipitate — f. d'Highflyer, etc. Arab p. Woful (Waxy et Penelope p. Trumpator) — Zeal p. Partisan (Walton)—Zaïda p. Sir Peter—Alexina p. King Fergus (Eclipse), etc.

FÉTICHE

(APPARTIENT A M. MAURICE EPHRUSSI)

Pendant la saison de monte de 1894, Fétiche sera en station au haras du Gazon, station de Montabart (Orne), où il saillira un certain nombre de juments étrangères au haras à raison de trois cents francs, plus 20 francs pour l'écurie. S'adresser à M. Maurice Ephrussi, 19, avenue du Bois de Boulogne, à Paris.

FÉTICHE, par Nougat, est né en 1883 chez M. Maurice Ephrussi, au haras du Mandinet ; il est le cinquième produit de Fleurines, par Mortemer, née en 1874 chez M. C.-J. Lefèvre, à Chamant, qui a donné également Fierté, avec Zut, et est morte en 1885. Bai, de taille moyenne, — 1m60, — Fétiche est très fortement charpenté avec des membres d'une trempe excellente. A plusieurs reprises, il a montré un courage digne de son père. Très tardif, comme les poulains d'une structure aussi puissante le sont en général, Fétiche ne fit ses débuts en public qu'au printemps de sa troisième année, le 2 avril 1886, jour de l'inauguration des courses plates à Maisons-Laffitte, dans le prix du Parc, où, un peu par surprise, il battit Corolla et Verte-Allée. Second à une tête de Pyr, dans le prix des Cars, à Longchamps, il n'était pas placé dans le prix de Bagatelle, gagné par Richelieu, ni dans la Poule d'Essai des Poulains, derrière Gamin et Sycomore. Second derrière Sposo, dans le prix du Printemps, il enlevait avec une extrême facilité le prix du Polygone à Vincennes, et battait de trois longueurs, dans le prix du Prince de Galles, à Longchamps, la Bultée et Vistule. Non placé dans le prix du Jockey-Club, Fétiche courait ensuite, à la réunion d'été du Bois de Boulogne, le prix de Juin, où il finissait derrière Firmament et Fils d'Artois, et le prix de Deauville, gagné par Jupin, où il prenait la troisième place à une tête d'Escogriffe ; il se présentait sans succès dans le Grand Prix de Paris. Second derrière Stromboli dans le prix Fauchet, à Rouen, non placé dans le Grand Prix de Beauvais, où il était à réclamer pour 25.000 francs, Fétiche finissait troisième derrière Alger et Utrecht dans le Grand-Saint-Léger de Caen, puis faisait un dead-heat dans le prix Hocquart, à Deauville, avec Alger, qui lui rendait sept livres. A l'épreuve définitive, il était battu d'une longueur. Après une victoire facile sur Nautilus, à Vincennes, dans le prix des Haras, Fétiche disputait sans succès le prix de Villebon à Paris ; il était ensuite battu de nouveau par Pyr dans le prix de Luzarches, à Chantilly, et il courait pour la dix-neuvième et dernière fois de la saison à Chantilly, dans le handicap de la Faisanderie, où, avec 57 kilos, il n'était pas placé derrière Luc et Alger. Malgré cette fatigante campagne, Fétiche faisait sa rentrée dès le début de l'année suivante, dans le prix de Chevilly, à Longchamps, où il était battu par Utrecht. Il ne courait pas moins de treize autres fois pendant la saison, gagnant le prix de la Société d'Encouragement à Vincennes, le prix de Marly (handicap) à Longchamps, où il battait à poids égal Nautilus et Nero, et enlevant pour la seconde fois le prix du Prince de Galles sur un lot assez médiocre, il est vrai. Au retour de la campagne normande, où il n'avait pas été heureux, et après avoir couru sans succès à Vincennes et à Paris, Fétiche était mis sur les obstacles et faisait deux apparitions à Auteuil. En 1888, il ne disputait pas moins de dix-sept courses à obstacles, gagnant sept steeple-chases ; à six ans il courait sept fois encore pour gagner deux steeple-chases et enfin, en 1890, à sept ans, il prenait part à cinq courses, tant à Auteuil qu'à Saint-Ouen. Retiré de l'entraînement après avoir couru soixante-quatre fois (dont trente-trois fois en plat), Fétiche était envoyé au haras, et commençait à faire la monte en 1891. Peu de chevaux ont montré une endurance aussi remarquable, mais il est à noter qu'il n'est pas le seul produit de Nougat qui ait montré une résistance aussi grande.

PEDIGREE DE FÉTICHE

Left-margin lineage labels (read outward):

FÉTICHE (Bai—1874).

NOUGAT (Bai—1873). — Consul (Alezan—1866). — Monarque (B.—1852). — Gladiator (B.—1844). — Lady Lie (B.—1833). — Neiuleuse (ex Belle de Jour) (B.—1857). — Belle de Nuit (B.—1844).

FLEURINES (Baic—1874). — Mortemer (Alezan—1856). — Comtesse (B.—1853). — Compiègne (Al.—1853). — Summerside (Baie—1854). — West Australian (Bai—1850). — Ellerdale (Bh.—1850).

The Baron, the Emperor ou Sting * (Bbr.—1843)	Slane p. Royal Oak (Catton et f. de Smolensko) — f. d'Orville — Epsom Lass p. Sir Peter—Alexina p. King Fergus—Lardella p. Y. Marske, etc. Echo p. Emilius (Orville et Emily p. Stamford) — f. de Scud — Canary Bird p. Sorcerer — Canary p. Coriander — Miss Green p. Highflyer.
Poetess (Baic—1838)	Royal Oak p. Catton (Golumpus et Lucy Grey p. Timothy) — f. de Smolensko — Lady Mary p. Beningbro'— f. d'Highflyer — f. de Marske. Ada p. Whisker (Waxy et Penelope p. Trumpator) — Anna Bella p. Shuttle (Y. Marske) — f. de Drone — Contessina p. Young Marske.
Sir Hercules (Noir—1829)	Whalebone p. Waxy (Pot8os et Maria p. Herod) — Penelope p. Trumpator (Conductor) — Prunella p. Highflyer — Promise p. Snap, etc. Peri p. Wanderer (Gohanna et Catherine p. Woodpecker) — Thalestris p. Alexander — Rival p. Sir Peter — Hornet p. Drone (Herod), etc.
Sylph (Baie—1824)	Spectre p. Phantom (Walton et Julia p. Whisky) — Filikias p. Gouty (Sir Peter) — f. de King Fergus — f. d'Herod — s. de Stork, etc. Fanny Legh p. Castrel (Buzzard et f. d'Alexander) — Miss Hap p. Shuttle (Y. Marske) — s. d'Haphazard p. Sir Peter — Miss Hervey, etc.
Partisan (Bai—1811)	Walton p. Sir Peter (Highflyer et Papillon p. Snap) — Arethusa p. Dungannon — f. de Prophet (Regulus) — Virago p. Snap — f. de Regulus, etc. Parasol p. Pot8os (Eclipse et Sportsmistress) — Prunella p. Highflyer — Promise p. Snap — Julia p. Blank — m. de Spectator p. Partner.
Pauline (Baie—1826)	Moses p. Seymour (Delpini et Bay Javelin p. Javelin) — f. de Gohanna (Mercury) — Grey Skim p. Woodpecker — m. de Silver p. Herod, etc. Quadrille p. Selim (Buzzard et f. d'Alexander) — Canary Bird p. Sorcerer (Trumpator) — Canary p. Coriander — Miss Green p. Highflyer.
Y. Emilius (Bai—1828)	Emilius p. Orville (Beningbro' et Evelina p. Highflyer) — Emily p. Stamford—f. de Whisky (Saltram)—Grey Dorimant p Dorimant, etc. Cobweb p. Phantom (Walton et Julia p. Whisky) — Filagree p. Soothsayer (Sorcerer) — Web p. Waxy — Penelope p. Trumpator, etc.
Odine (Baie—1832)	Tigris p. Quiz (Buzzard et Miss West p. Matchem) — Persepolis p. Alexander — f. d'Alfred — Cœlia p. Herod — Proserpine p. Marske. Miss Ann p. Figaro (Haphazard et f. de Selim)—f. de Tramp (Dick Andrews) — Harpham Lass p. Camillus (Hambletonian) — Statira, etc.
Fitz Gladiator (Alez.—1850)	Gladiator p. Partisan (Walton et Parasol p. Pot8os) — Pauline p. Moses (Seymour) — Quadrille p. Selim (Buzzard) — Canary Bird p. Coriander. Zarah p. Reveller (Comus et Rosette p. Beningbro') — f. de Rubens (Buzzard) — Brightonia p. Gohanna (Mercury) — Nutmeg p. Sir Peter.
Maid-of-Hart (Baie—1846)	The Provost p. The Saddler (Waverley et Castrellina p. Castrel) — Rebecca p. Lottery (Tramp) — f. de Cervantes (Don Quixote), etc. Martha Lynn p. Mulatto (Catton et Desdemona p. Orville) — Leda p. Fillio da Puta (Haphazard) — Treasure p. Camillus — f. d'Hyacinthus.
The Baron ou Nuncio * (Bai—1839)	Plenipotentiary p. Emilius (Orville) — Harriet p. Pericles (Evander) — f. de Selim (Buzzard) — Pipylina p. Sir Peter — Rally p. Trumpator. Ally p. Partisan (Walton et Parasol p. Pot8os) — Jest p. Waxy (Pot8os) — Scotia p. Delpini (Highflyer) — f. de King Fergus, etc.
Eusebia (Alez.—1839)	Emilius p. Orville (Beningbro' et Evelina p. Highflyer) — Emily p. Stamford (Sir Peter) — f. de Whisky (Saltram et Calash p. Herod). Mangel Wurzel p. Merlin (Castrel et Miss Newton p. Delpini) — Morel p. Sorcerer — Hornby Lass p. Buzzard — Puzzle p. Matchem, etc.
Melbourne (Bbr.—1834)	Humphrey Clinker p. Comus (Sorcerer) — Clinkerina p. Clinker (Sir Peter). — Pewet p. Tandem (Syphon) — Termagant p. Tantrum, etc. Fille de Cervantes p. Don Quixote (Eclipse) — f. de Golumpus — f. de Paynator — s. de Zodiac p. St-George — Abigail p. Woodpecker, etc.
Mowerina (Baie—1843)	Touchstone p. Camel (Whalebone p. Waxy) — Banter p. Master Henry (Orville) — Boadicea p. Alexander — Brunette p. Amaranthus, etc. Emma p. Whisker (Waxy) — Gibside Fairy p. Hermes — Thalestris p. Alexander — Rival p. Sir Peter — Hornet p. Drone — Manilla, etc.
Lanercost (Bai—1835)	Liverpool p. Tramp (Dick Andrews) — f. de Whisker (Waxy) — Maudane p. Pot8os — Young Camilla p. Woodpecker — Camilla, etc. Otis p. Bustard (Buzzard et Gipsy) — f. d'Election (Gohanna) — s. de Skyscraper p. Highflyer — f. d'Eclipse — Rosebud, etc.
Fille de (Baie—1838)	Tomboy p. Jerry (Smolensko et Louisa p. Orville) — m. de Beeswing p. Ardrossan — Lady Eliza p. Whitworth — m. de X. Y. Z., etc. Tesane p. Whisker (Waxy) — Lady of the Tees p. Octavian (Stripling) — f. de Sancho — Miss Fury p. Trumpator — fille de Marc Antony.

FITZ-HAMPTON

(APPARTIENT A M. LE BARON HIRSCH)

Pendant la saison de monte de 1894, Fitz-Hampton sera en station au haras de Dangu (Eure), où il saillira un certain nombre de juments étrangères au haras, à raison de mille francs (cinq cents francs seulement, pour les juments ayant gagné 10.000 fr., ou produit un gagnant de 10.000 fr.), plus 20 fr. pour l'écurie. S'adresser à M. Michel Ephrussi, 203, boulevard Saint-Germain, à Paris.

FITZ-HAMPTON, par Hampton, est né en 1887, au haras royal de Hampton-Court; il est le quatrième produit de Lady Binks par Adventurer, née en 1878 au haras de Hampton-Court. Fitz-Hampton est un cheval bai de grande taille, — 1ᵐ65, — très régulièrement établi, avec un beau dessus, le rein très fort, les hanches larges et les membres très résistants; tout en lui dénote le stayer. Acheté yearling à la vente des produits de Hampton-Court, 400 guinées (10.500 fr.) par M. Scheibler pour le compte de l'association qui fait courir en Italie sous le nom de « Sir Rholand », il était encore à peine dégrossi, quand il fit ses débuts à deux ans dans le Grand Critérium de Milan, où il n'était pas placé. A trois ans, en pleine possession de ses moyens, il gagnait presque toutes les courses où il se présentait, à l'exception du handicap de Lombardie, à Milan, où Lowland, auquel il rendait quinze livres, le battait d'une longueur; il était également battu par Méléagre et Frank Patros dans le Grand Prix de Rome, de 100.000 francs. Mais il gagnait, entre autres, l'Omnium (2.000 ᵐ) à Rome sur Frank Patros et Curraghmore, le Grand Prix du Commerce à Milan, où il battait de six longueurs Assuérus, Bougie, Caline, Curraghmore et Lowland; ensuite le prix du Prince Amédée, à Turin, où il prenait sa revanche sur Méléagre. Envoyé à Paris, il défendait très honorablement sa chance dans le Grand Prix, où il prenait la seconde place derrière Fitz-Roya, battant Oddfellow, Mirabeau, Le Glorieux, Alicante, Le Nord et Nativa. Il était, après la course, vendu 187.500 francs au baron Hirsch; il courait, sous ses nouvelles couleurs, le Manchester Autumn Cup, où, portant 53 kilos, il n'était pas placé derrière Parlington. Fitz-Hampton ne courait qu'une seule fois à quatre ans, dans le Newmarket handicap, où il ne figurait pas derrière Pinzon. L'effort qu'il avait donné dans le Grand Prix de Paris lui avait coûté sa forme. Retiré de l'entraînement après sa course de Newmarket, Fitz-Hampton était envoyé, à la fin de la saison, au Cobham Stud, où il commençait à faire la monte en 1892 à raison de trente guinées; il était, l'année suivante, mis en station dans l'établissement de M. W. Barrow, à Newmarket, où son prix de saillie était abaissé à vingt-cinq guinées. Enfin, au mois d'Octobre 1893, il était loué à M. Michel Ephrussi et envoyé à Dangu.

PEDIGREE DE FITZ-HAMPTON

La lecture verticale de gauche (colonnes généalogiques) :

- FITZ-HAMPTON (Bai.—1887). — Importé en 1893.
- LADY BINKS (Baie—1878).
- HAMPTON (Bai—1872).
- Lady of the Manor (Bbr.—1842).
- Lady Langden (Bbr.—1868).
- Adventurer (Bai.—1859).
- Hersey (B.—1842).
- Voltigeur (Bb.—1847).
- Palma (Bbr.—1840) Newminster(B.—1848).
- Lord Clifden (Bai.—1860).
- Haricot (Bbr.—1847) Kettledrum (Al.—1858) The Slave (B.—1852) Newminster(B.—1848).

Nom (année)	Généalogie
Touchstone (Bbr.—1831)	Camel p. Whalebone (Waxy) — f. de Selim — Maiden p. Sir Peter — f. de Phenomenon(Herod)—Matron p. Florizel—Maiden p. Matchem, etc. Banter p. Master Henry — Boadicea p. Alexander (Eclipse) — Brunette p. Amaranthus (Old England) — Mayfly p. Matchem, etc.
Beeswing (Baie—1833)	Dr Syntax p. Paynator (Trumpator) — f. de Beningbro' (King Fergus) — Jenny Mole p. Carbuncle (Babraham)—f. de Prince T. Quassa,etc. Fille d'Ardrossan (John Bull) — Lady Eliza p. Whitworth (Agonistas) —f. de Spadille — Sylvia p. Young Marske — Ferret p. fr. de Silvio.
Melbourne (Bbr.—1834)	Humphrey Clinker, p. Comus (Sorcerer et Houghton Lass) — Clinkerina p. Clinker (Sir Peter) — Pewet p. Tandem — Termagant, etc. Fille de Cervantes (Don Quixote) — f. de Golumpus (Gohanna) — f. de Paynator—s. de Zodiac p. St-George—Abigail p. Woodpecker, etc.
Volley (Baie—1845)	Voltaire p. Blacklock —f. de Phantom (Walton)—f. d'Overton (King Fergus) — m. de Gratitude p. Walnut — f. de Ruler (Y. Marske), etc. Martha Lynn p. Mulatto (Catton et Desdemona) — Leda p. Filho-da-Puta (Haphazard) — Treasure p. Camillus — f. de Hyacinthus, etc.
Rataplan (Alez.—1850)	The Baron p. Birdcatcher (Sir Hercules) — f. de Whalebone) — Echidna, p. Economist (Whisker et Floranthe p. Octavian) — Miss Pratt, etc. Pocahontas p. Glencoe (Sultan) — Marpessa p. Muley — Clare p. Marmion — Harpalice p. Gohanna — Amazon p. Driver, etc.
Hybla (Baie—1846)	The Provost p. the Saddler (Waverley p. Whalebone) — Rebecca p. Lottery (Tramp) — f. de Cervantes — Anticipation, p. Beningbro'. Otisina p. Liverpool (Tramp) — Otis p. Bustard — m. de Gaylurst p. Election—s. de Skyscraper p. Highflyer — Everlasting p. Eclipse, etc.
Lancercost (Bbr.—1835)	Liverpool p. Tramp — f. de Whisker (Waxy et Penelope) — Mandane p. Pot8os — Y. Camilla p. Woodpecker — Camilla p. Trentham, etc. Otis p. Bustard (Buzzard et Gipsy p. Trumpator) — f. d'Election (Gohanna) — s. de Skyscraper p. Highflyer — f. d'Eclipse, etc.
Queen Mary (Baie—1843)	Gladiator p. Partisan (Walton) — Pauline p. Moses (Seymour) — Quadrille p. Selim — Canary Bird p. Sorcerer — Canary p. Coriander. Fille de Plenipotentiary—Myrrha p. Whalebone — Gift p. Y. Gohanna — s. de Grazier p. Sir Peter — s. d'Aimator p. Trumpator, etc.
Touchstone (Bbr.—1831)	Camel p. Whalebone — f. de Selim — Maiden p. Sir Peter — f. de Phenomenon (Herod) — Matron p. Florizel — Maiden p. Matchem, etc. Banter p. Master Henry — Boadicea p. Alexander — Brunette p. Amaranthus (Old England et f. de Second) — Mayfly p. Matchem, etc.
Beeswing (Baie—1833)	Dr Syntax p. Paynator (Trumpator et f. de Mark Antony) — f. de Beningbro' — Jenny Mole p. Carbuncle (Babraham Blank), etc. Fille d'Ardrossan (John Bull et Xantippe p. Eclipse) — Miss Whip p. Volunteer (Eclipse et f. de Tartar) — Wimbledou p. Evergreen, etc.
Emilius (Bai—1820)	Orville p. Beningbro' — Evelina p. Highflyer — Termagant p. Tantrum (Cripple p. The Godolphin) —Cantatrice p. Sampson, etc. Emily p. Stamford (Sir Peter et Horatia p. Eclipse) — f. de Whisky — Grey Dorimant p. Dorimant (Otho) — Dizzy p. Blank, etc.
Francesca (Bbr.—1829)	Partisan p. Walton (Sir Peter et Arethusa, p. Dungannon) — Parasol p. Pot8os — Prunella p. Highflyer — Promise p. Snap, etc. Fille d'Orville — f. de Buzzard — Hornpipe p. Trumpator — Luna p. Herod — s. d'Eclipse — Proserpine p. Marske — Spiletta, etc.
Voltaire (Bbr.—1826)	Blacklock p. Whitelock — f. de Coriander (Pot8os) — Wild Goose p. Highflyer (Herod) —Coheiress p. Pot8os — Manilla p. Goldfinder, etc. Fille de Phantom (Walton et Julia p. Whisky) — f. d'Overton — m. de Gratitude p. Walnut — f. de Ruler — Piracantha p. Matchem, etc.
Martha Lynn (Bbr.—1837)	Mulatto p. Catton (Golumpus p. Gohanna) — Desdemona p. Orville. —Fanny p. Sir Peter — f. de Dismed — Desdemona p. Marske, etc. Leda p. Filho-da-Puta — Treasure p. Camillus (Hambletonian) — f. de Hyacinthus (Coriander) — Flora p. King Fergus, etc.
Glaucus (Bai—1830)	Partisan p. Walton (Sir Peter) — Parasol p. Pot8os (Eclipse) — Prunella p. Highflyer — Promise p. Snap — Julia p. Blank, etc. Nanine p. Selim (Buzzard et f. d'Alexander) — Bizarre p. Peruvian (Sir Peter)—Violante p. John Bull—s. de Skyscraper p. Highflyer, etc.
Hester (Bbr.—1832)	Camel p. Whalebone (Waxy) — fille de Selim (Buzzard) — Maiden p. Sir Peter (Highflyer) — f. de Phenomenon — Matron p. Florizel, etc. Monimia p. Muley (Orville et Eleanor p. Whisky) — s. de Petworth p. Precipitate (Mercury) — f. de Woodpecker (Herod), etc.

FITZ-ROYA

(APPARTIENT A M. J. STERN, CH. DE FITZ-JAMES, OISE)

Pendant la saison de monte de 1894, Fitz-Roya sera en station au haras de Crécy-Fitz-James, près Clermont (Oise), où il saillira dix juments étrangères au haras à raison de cinq cents francs, plus 20 francs pour l'écurie. S'adresser à M. Stern, 57, rue de l'Arcade, à Paris, ou à M. Thierry, stud-groom au haras, par Clermont (Oise).

FITZ-ROYA, par Atlantic (gagnant des Deux Mille Guinées de 1874), est né en 1887 chez le baron de Schickler, au haras de Martinvast, où est née, également en 1878, Perplexité, (gagnante du prix Royal Oak de 1881), dont il est le quatrième produit ; Perplexité a donné aussi Chêne-Royal avec Narcisse, et Tournesol avec Le Destrier. Bai, avec une pelote en tête, deux balzanes antérieure et postérieure gauches, et deux traces de balzanes, de bonne taille, — 1m62, — Fitz-Roya est un cheval très important avec des lignes étendues et une excellente arrière-main ; il est un peu léger sous le genou. Fitz-Roya fit sa première apparition en public dans le prix la Rochette, à Fontainebleau, où, par suite de la trop grande confiance de son jockey, il fut battu d'une encolure par Chipolata ; après avoir enlevé dans un galop d'exercice le premier Prix d'automne, à Longchamps, sur Rurick et Faune entre autres, il prenait la seconde place dans le prix de la Forêt derrière Alicante, qui lui rendait huit livres, puis était battu d'une demi-longueur par La Négligente dans le Grand Prix de Deux Ans, à Maisons-Laffitte, Fitz-Roya prenait, au début de sa troisième année (1890), une revanche éclatante dans la seconde manche du prix la Rochette, où il battait de six longueurs Nativa, Mandinet et Chevreuse ; troisième derrière Heaume et Mirabeau, dans le prix du Jockey-Club, où il battait Le Glorieux, Puchero et Chalet, il faisait un walk-over dans le prix de Malleret, à Longchamps, battait de deux longueurs Meaux dans le prix de Juin, et terminait la saison en gagnant d'une longueur et demie le Grand Prix de Paris sur Fitz-Hampton, Oddfellow, Mirabeau, Le Glorieux, Alicante, Le Nord, Nativa, Puchero et Wandora. Envoyé au repos après cette dernière victoire, qui l'avait très éprouvé, il ne reparaissait plus en public avant la fin de la saison, et faisait sa rentrée au printemps suivant (1891) dans le prix du Cadran, où il ne figurait pas derrière Mirabeau, Le Glorieux et Yellow. Second derrière Nativa dans la troisième manche du prix la Rochette, il enlevait, pendant la réunion d'été à Paris, le prix d'Argenteuil sur Double-Six II et Veracity et le prix de Buzenval, qui lui était abandonné sans opposition. Troisième derrière Tantale et Guise, dans le prix Guillaume le Conquérant, à Deauville, il y courait sans succès le prix Hocquart gagné par Livie II, et terminait sa campagne de quatre ans dans le prix de Caen, à Vincennes, où il était battu par Compagnon II et Astrologue. Fitz-Roya courait trois fois encore à cinq ans, gagnant le prix de Courbevoie et le prix d'Escoville à la réunion du printemps à Paris, battant Sahel dans le prix de la Plage, à Deauville, et gagnant enfin le prix du Pin, à Chantilly, sur Livie II et Saint-Pair-du-Mont. A six ans (1893), il commençait par battre Primrose et Séraphine II, dans le prix de Barbeville, à Paris, gagnait le prix Little Duck à Maisons sur Glycine, et courait encore à trois reprises, toujours placé, derrière Acoli, Perdican et Saint-Ferjeux. Il terminait sa longue carrière sur le turf à Longchamps, en courant, au mois de juin, le prix de Buzenval où il était battu par Diavolo et Clodia. Pendant les cinq années où il était resté à l'entraînement, il avait couru vingt-neuf fois, et ses treize victoires avaient rapporté à son propriétaire 270.112 francs. Au mois de novembre 1893, Fitz-Roya était acheté en vente publique 20.000 fr. par M. J. Stern, qui lui a donné, à Fitz-James, la place laissée vacante par la mort de Victor-Emmanuel.

PEDIGREE DE FITZ-ROYA

FITZ-ROYA (Bai—1881)

ATLANTIC (Alezan—1871)

Thormanby (Alezan—1857)

Windhound (B. 1847) — Alice Hawthorn (B. 1838)

Pantaloon (Alez.—1824)	Castrel p. **Buzzard** (Woodpecker et Misfortune p. Dux) — f. d'Alexander (Eclipse) — f. d'Highflyer — f. d'Alfred p. Matchem (Cade), etc. Idalia p. Peruvian (Sir Peter p. Highflyer et f. de Boudrow p. Eclipse) — Musidora p. Meteor (Eclipse) — Maid of All Work p. Highflyer, etc.
Phryne (Bbr. —1840)	Touchstone p. Camel — Banter p. Master Henry — Boadicea p. Alexander (Eclipse) — Brunette p. Amaranthus — Mayfly p. Matchem, etc. Decoy p. Filho da Puta (Haphazard) — Finesse p. Peruvian (Sir Peter p. Highflyer) — Violante p. John Bull (Fortitude et Xantippe), etc.
Muley Moloch (Bbr. —1830)	Muley p. Orville (Beningbro') — Eleanor p. Whisky (Saltram) — Y. Giantess p. Diomed — Giantess p. Matchem — Molly Long Legs, etc. Nancy p. Dick Andrews (Joe Andrews p. Eclipse et f. d'Highflyer) — Spitfire p. Beningbro' — f. de Y. Sir Peter (Sir Peter p. Highflyer).
Rebecca (Baie— 1831)	Lottery p. Tramp (Dick Andrews) — Mandane p. PotSos — Y. Camilla p. Woodpecker — Camilla p Trentham — Coquette p. the Compton B., etc. Fille de Cervantes (Don Quixote, fils d'Alexander, p. Eclipse) — Anticipation p. Beningbro' — f. d'Expectation — s. de Telemachus — f. de Skim, etc.

Hurricane (Baie—1859)

Wild Dayrell (B.—1852) — Midia (Al.—1846)

Ion (Bai—1835)	Cain p. Paulowitz (Sir Paul et Evelina p. Highflyer) — f. de Paynator (Trumpator) — f. de Delpini (Highflyer) — s. de Mary p. Y. Marske. Margaret p. Edmund (Orville) — Medora p. **Selim** — f. de Sir Harry — f. de Volunteer (Eclipse) — f. d'Herod — Golden Grove p. Blank, etc.
Ellen Middleton (Bbr. — 1846)	Bay Middleton p. Sultan (**Selim** et Bacchante p. Williamsons' Ditto) — Cobweb p. Phantom — Filagree p. Soothsayer — Web p. Waxy, etc. Myrrha p. Malek (Blacklock et f. de Juniper) — Bessy p. Y. Gouty — Grandiflora p. Sir Harry Dimsdale — f. de Pipator — f. de Phenomenon, etc.
Scutari (Bai—1837)	Sultan p. **Selim** (**Buzzard**) — Bacchante p. Williamsons' Ditto — s. de Calomel p. Mercury (Eclipse) — f. d'Herod — Folly p. Marske, etc. Velvet p. Oiseau (Camillus et f. de Ruler) — Wire p. Waxy — Penelope p. Trumpator — Prunella p. Highflyer — Promise p. Snap, etc.
Marinella (Alez.—1824)	Soothsayer p. Sorcerer (Trumpator et Y. Giantess) — Goldenlocks p. Delpini (Highflyer) — Violet p. Shark (Marske) — f. de Syphon (Squirt). Bess p. Waxy (PotSos et Maria p. Herod) — Vixen p. PotSos (Eclipse) — Cypher p. Squirrel (Traveller et Grey Bloody Buttocks), etc.

PERPLEXITE (Baie—1878)

Perplexe (Bai—1872)

Vermout (B.—1861) — Péripétie (B.—1866)

The Nabob (Bbr. —1849)	The Nob p. Glaucus (**Partisan** et Nanine p. **Selim**) — Octave p. Emilius (Orville) — Whizgig p. Rubens (**Buzzard**) — Penelope p. Trumpator; etc. Hester p. Camel (Whalebone et f. de **Selim**) — Moninia p. Muley (Orville) — s. de Petworth p. Precipitate — f. de Woodpecker — s. de Juniper, etc.
Vermeille ex Merveille (Alez.—1853)	The Baron p. Birdcatcher (Sir Hercules et Guiccioli p. Bob Booty) — Echidna p. Economist (Whisker) — Miss Pratt p. Blacklock, etc. Fair Helen p. Priam (Emilius et Cressida p. Whisky) — Dirce p. Partisan (Walton) — Antiope p. Whalebone (Waxy) — Amazon p. Driver, etc.
Sting (Bbr. —1843)	Slane p. Royal Oak (Catton et f. de Smolensko) — f. d'Orville — Epsom Lass p. Sir Peter — Alexina p. King Fergus — Lardella p. Y. Marske. Echo p. Emilius (Orville et Emily p. Stamford) — f. de Scud — Canary Bird p. Sorcerer — Canary p. Coriander — Miss Green p. Highflyer, etc.
Péronelle (Bbr. — 1844)	Elthiron p. **Pantaloon** (Castrel et Idalia p. Peruvian) — Phryne p. Touchstone — Decoy p. Filho da Puta (Haphazard) — Finesse p. Peruvian, etc. Breloque p. Gladiator (**Partisan** et Pauline p. Moses) — Rosa Langar p. Langar (**Selim**) — Wild Rose p. Confederate — Primrose p. Clinker, etc.

Fille de (Baie—1860)

King Tom (B.—1851) — Vincement (B.—1851)

Harkaway (Alez.—1834)	Economist p. Whisker (Waxy et Penelope p. Trumpator) — Floranthe p. Octavian — Caprice p. Anvil — Madcap p. Eclipse — f. de Blank. Fanny Dawson p. Nabocklish (Rugantino et Butterfly p. Master Bagot) — Miss Tooley p. Teddy the Grinder — Lady Jane p. Sir Peter, etc.
Pocahontas (Baie— 1837)	Glencoe p. Sultan (**Selim**) — Trampoline p. Tramp (Dick Andrews) — Web p. Waxy — Penelope p. Trumpator — Prunella p. Highflyer, etc. Marpessa p. Muley (Orville et Eleanor p. Whisky) — Clare p. Marmion (Whisky) — Harpalice p. Gohanna (Mercury) — Amazon p. Driver, etc.
Sweetmeat (Bbr. —1842)	Gladiator p. **Partisan** (Walton et Parasol p. PotSos) — Pauline p. Moses — Quadrille p. **Selim** — Canary Bird p. Sorcerer — Canary p. Coriander. Lollypop p. Voltaire (Blacklock et f. de Phantom) — Belinda p. Blacklock — Wagtail p. Prime Minister — f. d'Orville — Miss Grimstone p. Weasel.
Hybla (Baie— 1846)	The Provost p. the Saddler (Waverley et Castrellina p. Castrel) — Rebecca p. Lottery (Tramp) — f. de Cervantes — Anticipation, etc. Otisina p. Liverpool (Tramp et f. de Whisker) — Otis p. Bustard (**Buzzard**) — m. de Gayhurst p. Election (Gohanna) — s. de Skyscraper, etc.

FRA ANGELICO

(APPARTIENT A M. LE BARON DE SCHICKLER, CHATEAU DE MARTINVAST)

Pendant la saison de monte de 1894, Fra Angelico sera en station au haras de Martinvast, près Cherbourg (Manche), où il saillira cinq juments étrangères au haras à raison de deux mille francs, plus 20 francs pour l'écurie. Toutes les inscriptions ont été prises dès l'automne précédent.

FRA ANGELICO, par Perplexe (gagnant du prix Royal Oak de 1875), est né en 1889 au haras de Martinvast, chez le baron de Schickler; il est le premier produit d'Escarboucle, née en 1882, également à Martinvast, qui a donné La Rosalba avec Atlantic. Bai, avec une petite étoile en tête et deux balzanes postérieures, de petite taille, — 1ᵐ 57 à peine, — Fra Angelico est admirablement construit avec les hanches et l'arrière-main très développées et une attache de rein très forte; il donne dans son ensemble l'impression d'une grande puissance et d'une rare symétrie. Ses débuts à deux ans eurent lieu à Bade, dans le prix de l'Avenir, où il battait de quatre longueurs Reichkanzler et sept autres poulains; il se rencontrait ensuite avec Rueil à Longchamps, dans le Grand Critérium, où, après une courageuse résistance, il était battu d'une encolure, laissant Rânes et Socrate loin derrière lui. Il courait enfin le prix de la Forêt, à Chantilly, où il prenait la troisième place derrière Le Nord et Gouverneur, mais devançait Reveillé et Espion. Fra Angelico commençait la saison suivante en gagnant le prix Greffulhe (2.100 ᵐ.) sur Amadis II et Lapis; il battait de nouveau, trois jours après, Lapis, dans la Poule d'Essai des Poulains (1.600 ᵐ) où il avait également raison de Diarbeck, Bucentaure et Énergique. Dans le prix du Jockey-Club, il s'effaçait, selon les instructions de leur commun propriétaire, devant Chêne-Royal, et prenait facilement la seconde place devant Bucentaure, Saint-Michel, Amadis II, etc. Il était moins heureux dans le Grand Prix de Paris, où il ne figurait pas à l'arrivée derrière Rueil et Courlis, sa chance ayant en grande partie été sacrifiée par la mauvaise tactique de son jockey. Après s'être effacé de nouveau dans le prix Royal Oak derrière Chêne-Royal, il battait de trois longueurs Gouverneur dans le prix d'Orange (2.400 ᵐ) et remportait une nouvelle victoire dans le prix de la Forêt, sur Galette, Marly et Hoche. Pour ses débuts, à quatre ans (1893), Fra Angelico courait le prix du Cadran en compagnie de Chêne-Royal, auquel il cédait la première place selon son habitude; battu par surprise dans la Coupe (3.200 ᵐ) par Medium, il commençait, dans le prix de Courbevoie (2.000 ᵐ), une série de sept victoires consécutives, battant à tour de rôle Programme, Commandeur, Saint-Ferjeux, Ramleh et Tilly, dans les prix de Hédouville, Bucentaure, de Villeron et de Seine-et-Marne, au bois de Boulogne. A Deauville, il enlevait dans un style magistral le prix Hocquart, sur Donremy II, Acoli et Galette, qui devait quelques jours après gagner le Grand Prix, puis, de retour à Paris, il battait, après un walk-over dans le prix de Bois-Roussel, Arkansas et Campan dans le prix du Prince d'Orange. Il faisait sa dernière apparition dans le prix du Conseil municipal où, portant 61 kilos, il finissait à une tête de Fripon et de Boissière, tous trois battus de trois longueurs par Callistrate; Fousi-Yama, Buccaneer et Hoche étaient au nombre des chevaux qui finissaient derrière lui. Fra Angelico était peu après retiré de l'entraînement et envoyé à Martinvast. Il avait couru vingt fois, gagné douze courses et 302.287 francs d'argent public, bien qu'il eût été à trois reprises sacrifié à Chêne-Royal. Après the Baron, dont il possède deux courants directs assez rapprochés, l'influence d'Emilius, de Partisan et de Touchstone est à peu près égale dans l'ascendance de Fra Angelico, que les adeptes des unions en dehors peuvent presque réclamer comme un des leurs.

PEDIGREE DE FRA ANGELICO

FRA ANGELICO (Bai—1889).

PERPLEXE (Bai—1872).

Vermout (Bai—1861).

Vermeille (Al.—1853) — The Nabob (Bbr.—1849)

The Nob (Bai—1838)
Glaucus p. **Partisan** (Walton et Parasol p. Pot8os)—Nanine p. Selim—
Bizarre p. Peruvian — Violante p. John Bull — s. de Skyscraper,etc.
Octave p. **Emilius** (Orville et Emily p. Stamford) — Whizgig p. Rubens
(Buzzard) — Penelope p. Trumpator — Prunella p. Highflyer, etc.

Hester (Bbr.—1832)
Camel p. Whalebone (Waxy et Penelope) — f. de Selim — Maiden p.
Sir Peter—f. de Phenomenon—Matron p.Florizel—Maiden p.Matchem.
Monimia p. Muley (Orville et Eleanor p. Whisky) — s. de Petworth p.
Precipitate— f. de Woodpecker—s.de Juniper p.Snap (Snip p.Childers).

Peripetie (Baie—1866).

Sting (Bbr.—1833)

The Baron (Alez.—1842)
Birdcatcher p. Sir Hercules (Whalebone et Peri p. Wanderer) — Guiccioli p.Bob Booty—Flight p.Irish Escape (Commodore)—Y.Heroine,etc.
Echidna p. Economist (Whisker et Floranthe p.Octavian) — Miss Pratt
p. Blacklock—Gadabout p. Orville —Minstrel p. Sir Peter —Matron.

Fair Helen (Baie—1837)
Priam p. **Emilius** (Orville et Emily p. Stamford)—Cressida p.Whisky
— Y. Giantess p. Diomed —Giautess p. Matchem—Molly Long Legs.
Dirce p. **Partisan** (Walton et Parasol p. Pot8os) — Antiope p. Whale-
bone (Waxy—Amazon p. Driver (Trentham)—Fractions p. Mercury.

Peronelle (Bbr.—1854)

Slane (Bai—1833)
Royal Oak p. Catton (Golumpus et Lucy Grey p. Timothy)—f. de Smo-
lensko — Lady Mary p. Beningbro' (King Fergus) — f. d'Highflyer.
Fille d'Orville (Beningbro' et Evelina p. Highflyer)— Epsom Lass p.Sir
Peter — Alexina p. King Fergus (Eclipse)—Lardella p.Y. Marske,etc.

Echo (Baie—1828)
Emilius p. Orville (Beningbro' et Evelina p. Highflyer)—Emily p. Stamford (Sir Peter p. Highflyer) — f. de Whisky—Grey Dorimant, etc.
Fille de Send (Beningbro' et Elisa p. Highflyer) — Canary Bird p.Sor-
cerer — Canary p. Coriander—Miss Green p. Highflyer —Harriet,etc.

Elthiron (Bai—1846)
Pantaloon p. Castrel (Buzzard et f. d'Alexander)—Idalia p. Peruvian (Sir
Peter p. Highflyer)—Musidora p.Meteor (Eclipse) —Maid of All Work.
Phryne p.**Touchstone** (Camel et Banter p. Master Henry)—Decoy p.Filho
da Puta (Haphazard) — Finesse p. Peruvian—Violante p. John Bull.

Breloque (Alez.—1849)
Gladiator p. **Partisan** (Walton et Parasol)—Pauline p.Moses (Seymour)
—Quadrille p. Selim —Canary Bird p. Sorcerer—Canary p. Coriander.
Rosa Langar p.Langar (Selim et f. de Walton)—Wild Rose p. Confede-
rate —Primrose p. Clinker — f. de Justice —Parsley p. Pot8os, etc.

ESCARBOUCLE (Baie—1882).

Doncaster (Alezan—1870).

Stockwell (Al.—1849)

The Baron (Alez.—1842)
Birdcatcher p. Sir Hercules (Whalebone)—Guiccioli p Bob Booty (Chanticleer)—Flight p.Irish Escape—Y.Heroine p.Bagot (Herod)— Heroine.
Echidna p. Economist (Whisker)—Miss Pratt p. Blacklock— Gadabout
p. Orville—Minstrel p. Sir Peter— Matron p. Florizel, etc.

Pocahontas (Baie—1837)
Glencoe p.Sultan (Selim)—Trampoline p. Tramp—Web p. Waxy—Penelope p. Trumpator —Prunella p. Highflyer — Promise p. Snap, etc.
Marpessa p. Muley (Orville) — Clare p. Marmion (Whisky)—Harpalice
p. Gohanna— Amazon p. Driver — Fractious p. Mercury, etc.

Marigold (Al.—1860)

Teddington (Alez.—1848)
Orlando p. **Touchstone** (Camel)—Vulture p. Langar—Kite p. Bustard—
Olympia p.Sir Oliver (Sir Peter) — Scotilla p. Anvil—Scota p.Eclipse,etc.
Miss Twickenham p. Rockingham (Humphrey Clinker)—Electress p.Elec-
tion (Gohanna)— f. de Stamford —Miss Judy p.Alfred—Manilla, etc.

Sœur de Singapore (Baie—1852)
Ratan p. Buzzard (Blacklock) — f. de Picton (Smolensko et f. de Dick
Andrews)—f. de Selim—f. de Pipator — Queen Mab p. Eclipse, etc.
Fille de **Melbourne** (Humphrey Clinker) — Lisbeth p. Phantom (Walton)
—Elizabeth p. Rainbow — Belvoirina p. Stamford, etc.

Gem of Gems (Grise—1873).

Strathconnan (R. ou R.—1863)

Newminster (Bai—1842)
Touchstone p. Camel (Whalebone)—Banter p. Master Henry—Boadicea
p. Alexander — Brunette p. Amaranthus —Mayfly p. Matchem, etc.
Beeswing p. Doctor Syntax (Paynator) — f. d'Ardrossan (John Bull)—
Lady Eliza p. Whitworth (Agonistes)—f. de Spadille, etc.

Souvenir (Grise—1856)
Chanticleer p.Birdcatcher (Sir Hercules p. Whalebone) —Whim p. Drone
— Kiss p. Waxy Pope—f. de Champion (Pot8os) — Brown Fanny, etc.
Birthday p. Assault (Touchstone) — Nitocris p. Whisker — Manuella p.
Dick Andrews—Mandaue p. Pot8os — Y. Camilla p. Woodpecker, etc.

Poinsettia (Bbr.—1866)

Young Melbourne (Bbr.—1855)
Melbourne p. Humphrey Clinker (Comus)— f. de Cervantes (don Quixote)
—f. de Golumpus—f.de Paynator —s. de Zodiac, etc.
Clarissa p.**Pantaloon** (Castrel)—f. de Glencoe (Sultan) — Frolicsome p.
Frolic (Hedley)—f. de Stamford— Alexina p. King Fergus, etc.

Lady Hawthorn (Baie—1854)
Windhound p. **Pantaloon** (Castrel)—Phryne p. **Touchstone** — Decoy p.
Filho da Puta (Haphazard)—Finesse p.Peruvian—Violante p.John Bull.
Alire Hawthorn p. Muley Moloch (Muley)—Rebecca p.Lottery—f.de Cer-
vantes—Anticipation p.Beningbro'—f.d'Expectation—f.de Telemachus.

GIL-PÉRÈS

(APPARTIENT A L'ADMINISTRATION DES HARAS)

Pendant la saison de monte de 1894, Gil-Pérès sera en station à Bordeaux, où il saillira trente-cinq juments de pur sang anglais, à raison de cent francs. S'adresser à M. le Directeur du dépôt d'étalons à Libourne (Gironde).

GIL-PÉRÈS, par Vignemale, est né en 1889, à Caumont, chez le marquis de Castelbajac ; il est le septième produit de Gipsy, par Vespasian, née en 1877, en Angleterre chez M. W. Blenkiron, et importée en 1880 par M. Pierre Donon. Elle a donné également Gil-Blas, avec Firmament. Alezan, avec une balzane postérieure gauche, de grande taille, — 1 m 64 — Gil Pérès est un cheval très important dont le dessus, les quartiers, l'attache de reins et les jarrets sont irréprochables, mais dont l'épaule est un peu courte et les aplombs antérieurs un peu défectueux ; avec sa tête aux oreilles tombantes, il dénote plus l'impression de force que de distinction. Il fit ses débuts à deux ans sous les couleurs de M. D. Guestier dans le prix Richard Hennessy où, encore très vert, il dut se contenter de la seconde place derrière Namouna, qu'il battait, quelques semaines après, à Bayonne, dans le prix de Bayonne, où il était lui-même battu d'une encolure par Hors-d'Œuvre ; il ne figurait pas le surlendemain dans le prix de Casa-Caradol, gagné par Belcolore, et il remportait, pour sa dernière course de l'année, une demi-victoire à Agen dans l'Omnium du Sud-Ouest, où il faisait un dead-heat avec Prince. A trois ans, Gil-Pérès gagnait successivement quatre courses à Tarbes, Pau et Bordeaux, battant entre autres Billet-Doux, Odin, Hors-d'Œuvre et Crillon, avant de venir, à Longchamps, disputer le prix des Tilleuls (2.400 m.), où il battait très facilement, en leur rendant de sept à douze livres, Clos-le-Roy, l'Erèbe, Aquarium et Perdican. Après deux walk-over à Nantes, dans le prix Principal et le prix de Première Série, il retournait au Bois de Boulogne, pour courir le prix du Cèdre, où il était battu par Avoir, par excès de confiance de son jockey, et le prix d'Ispahan, qu'il gagnait de deux longueurs sur Hoche et Cerneau. Il rendait ensuite, sans la moindre difficulté, seize livres à Hellade dans le prix de la Société des Courses, à Lyon, mais dans le Grand Prix, il était facilement battu, à deux livres pour trois années, par Caméléon et par Honoré, auquel il rendait dix-huit livres. De retour dans le Midi, il enlevait successivement le prix de Casa-Caradol à Bayonne et le prix de la Société d'Encouragement à la Brède, où il faisait un walk-over, puis il revenait à Longchamps, où il courait sans succès le prix de Cheffreville derrière Ellura et Fripon, et le prix d'Octobre, derrière Programme et Amadis II ; à Chantilly, il était battu par Fra Angelico, Galette et Marly, dans le prix de la Forêt, puis il allait gagner, à Bordeaux, le prix du Médoc sur Hors-d'Œuvre, et l'Omnium sur Claudia. Gil-Pérès courait huit fois encore à quatre ans (1893), remportant à Mont-de-Marsan, Tarbes, Bordeaux et Angers, sept victoires consécutives. Mais à la réunion d'été du Bois de Boulogne, un peu énervé par ses déplacements continuels, il échappait à son jockey avant le départ du prix d'Argenteuil, et faisait un tour entier de piste avant de pouvoir être arrêté. Il n'en prenait pas moins part à la course, mais il était battu d'une longueur par Sterling et cette incartade mettait fin à sa carrière de courses. Il était à l'automne acheté 60.000 francs par l'Administration des Haras, qui l'attachait au dépôt de Libourne.

PEDIGREE DE GIL-PÉRÈS

Colonnes généalogiques (de gauche à droite) : GIL-PÉRÈS (Alezan—1886) · VIGNERALE (Bai—1876), GIPSY (Baie-Brune—1877) · Dollar (Bai—1860), La Maladetta (Baie—1876), Vespasian (Bai—1863), Brown-Agnes (Bai-Brune—1870) · Payment (Al.—1848), The F. Dutchman (Bb.-1846), Refraction (B.—1842), The Baron (Al.—1842), Newminster (B.—1848), Vesta (Al.—1857), Wild-Agnes (B.—1862), Gladiateur (B.—1862).

Bay Middleton (Bai—1833) — Sultan p. **Selim** (Buzzard et f. d'Alexander) — Bacchante p. Williamsons' Ditto — s. de Calomel p. Mercury (Eclipse) — f. d'Herod, etc. Cobweb p. Phantom (**Walton** et Julia p. Whisker) — Filagree p. Soothsayer (Sorcerer) — Web p. **Waxy** — Penelope p. Trumpator, etc.

Barbelle (Baie—1836) — Sandbeck p. **Walton** (Golumpus et Lucy Grey p. Timothy) — Orvillina p. Beningbro' — Evelina p. Highflyer (Herod) — Termagant p. Tantrum. Darioletta p. Amadis (Don Quixote et Fanny p. Sir Peter) — Selima p. Selim — f. de Pot8os — Editha p. Herod — Elfrida p. Snap, etc.

Slane (Bai—1833) — Royal Oak p. **Catton** — f. de Smolensko (Sorcerer et Wowski p. Mentor) — Lady Mary p. Beningbr ,' (King Fergus) — f. d'Highflyer, etc. Fille d'Orville (Beningbro') — Epsom Lass p. Sir Peter (Highflyer) — Alexina p. King Fergus — Lardella p. Y. Marske (Squirt) — f. de Cade, etc.

Receipt (Alez.—1836) — Rowton p. Oiseau (Camillus et f. de Ruler) — Katharina p. Woful (**Waxy**) — Landscape p. Rubens (Buzzard) — Irish p. Brush — f. d'Herod, etc. Fille de Sam (Scud et Hyale p. Phenomenon) — Morel p. Sorcerer (Trumpator) — Hornby Lass p. Buzzard — Puzzle p. Matchem — Princess, etc.

Birdcatcher (Alez.—1833) — Sir Hercules p. Whalebone (**Waxy**) — Peri p. Wanderer (Gohanna et Catherine p. Woodpecker) — Thalestris p. Alexander (Eclipse) — Rival, etc. Guiccioli p. Bob Booty (Chanticleer et Ierne p. Bagot) — Flight p. Irish Escape — Y. Heroine p. Bagot — Heroine p. Hero (Cade), etc.

Echidna (Baie—1838) — Economist p. Whisker (**Waxy**) — Floranthe p. Octavian (Stripling et f. d'Oberon) — Caprice p. Anvil (Herod) — Madcap p. Eclipse, etc. Miss Pratt p. Blacklock (Whitelock et f. de Coriander) — Gadabout p. Orville (Beningbro') — Minstrel p. Sir Peter (Highflyer) — Matron, etc.

Glaucus (Bai—1830) — Partisan p. **Walton** (Sir Peter et Arethusa p. Dungannon) — Parasol p. Pot8os — Prunella p. Highflyer — Promise p. Snap — Julia p. Blank. Nanine p. **Selim** (Buzzard) — Bizarre p. Peruvian (Sir Peter) — Violante p. John Bull — s. de Skyscraper p. Highflyer — Everlasting, etc.

Prism (Bbr.—1836) — Camel p. Whalebone (**Waxy**) — f. de Selim — Maiden p. Sir Peter (Highflyer) — f. de Phenomenon — Matron p. Florizel — Maiden p. Matchem, etc. Elisabeth p. Rainbow (**Walton** et Irish p. Brush) — Belvoirina p. Stamford (Sir Peter) — s. de Silver p. Mercury — f. d'Herod — Y. Hag, etc.

Touchstone (Bbr.—1831) — Camel p. Whalebone (**Waxy** et Penelope p. Trumpator) — f. de Selim — Maiden p. Sir Peter — f de Phenomenon — Matron p. Florizel, etc. Banter p. Master Henry (Orville et Miss Sophia p. Stamford) — Boadicea p. Alexander — Brunette p. Amaranthus — Mayfly p. Matchem, etc.

Beeswing (Baie—1833) — Dr. Syntax p. Paynator (Trumpator et f. de Marc Antony) — f. de Beningbro' (King Fergus) — Jenny Mole p. Carbuncle (Babraham), etc. Fille d'Ardrossan (John Bull et Miss Whip p. Volunteer) — Lady Eliza p. Whitworth (Agonistes) — f. de Spadille — Sylvia p. Y. Marske, etc.

Stockwell (Alez.—1849) — The Baron p. **Birdcatcher** (Sir Hercules) — Echidna p. Economist (Whisker) — Miss Pratt p. Blacklock — Gadabout p. Orville, etc. Pocahontas p. Glencoe (Sultan et Trampoline p. Tramp) — Marpessa p. Muley (Orville) — Clare p. Marmion — Harpalice p. Gohanna, etc.

Garland (Bbr.—1835) — Langar p. **Selim** (Buzzard et f. d'Alexander) — f. de **Walton** (Sir Peter) — Y. Giantess p. Diomed — Giantess p. Matchem — Molly Long Legs. Cast Steel p. Whisker (**Waxy** et Penelope) — The Twinkle p. **Walton** — f. d'Orville — Lisette p. Hambletonian — Constantia p. Walnut, etc.

Monarque (Bai-1852) — Sting p. Slane (Royal Oak et f. d'Orville) — Echo p. Emilius (Orville) — f. de Scud (Beningbro') — Canary Bird p. Sorcerer — Canary, etc. Poetess p. Royal Oak (**Catton** et f. de Smolensko) — Ada p. Whisker (**Waxy**) — Anna Bella p. Shuttle (Y. Marske) — f. de Drone, etc.

Miss Gladiator (Baie—1854) — Gladiator p. Partisan (**Walton** et Parasol p. Pot8os) — Pauline p. Moses (Seymour) — Quadrille p. **Selim** — Canary Bird p. Sorcerer, etc. Taffrail p. Sheet Anchor (Lottery et Morgiana p. Muley) — The Warwick mare p. Merman (Whalebone) — f. d'Ardrossan (John Bull), etc.

Wild Dayrell (Bai—1852) — Ion p. Cain (Paulowitz et f. de Paynator) — Margaret p. Edmund (Orville) — Medora p. **Selim** (Buzzard) — f. de Sir Harry — f. de Volunteer. Ellen Middleton p. Bay Middleton (Sultan p. Selim et Cobweb p. Phantom) — Myrrha p. Malek (Blacklock) — Bessy p. Y. Gouty, etc.

Little Agnes (Baie—1856) — The Cure p. Physician (Brutandorf et Primette p. Prime Minister) — Morsel p. Mulatto (Catton) — Linda p. Waterloo (**Walton**) — Cressida, etc. Miss Agnes p. **Birdcatcher** (Sir Hercules) — Agnes p. Clarion (Sultan) — Annette p. Priam — m. de Potentate p. Don Juan (Sorcerer), etc.

HORS-D'ŒUVRE

(APPARTIENT A L'ADMINISTRATION DES HARAS)

Pendant la saison de monte de 1894, Hors-d'Œuvre sera en station à Toulon-sur-Arroux, où il saillira trente juments de pur sang anglais à raison de vingt francs. S'adresser à M. le Directeur du dépôt d'étalons, à Cluny, Saône-et-Loire.

Hors-d'Œuvre, par Gilbert, est né en 1889 chez M. Lawton ; il est le second produit d'Hortensis, par Ferragus, née en 1878 chez M. Perreau, qui a donné Aiguelongue également avec Gilbert. Bai-zain, de grande taille, — 1m 63, — Hors-d'Œuvre est compact, bien établi comme son père, mais comme lui il est un peu léger et a la côte un peu courte. Acheté par M. D. Guestier, il a, à quelques exceptions près, accompli la meilleure carrière de courses sur les hippodromes du Midi ; après des débuts peu brillants au Dorat, en 1891, il gagnait successivement trois épreuves à longue distance, de 12 à 1.500 mètres, à Périgueux, Pompadour et Bayonne, battant, entre autres, Campan et Idalie, et il terminait sa première saison à Nantes, dans le prix d'Anjou, où il était facilement battu par Crillon et Fénelon. A trois ans, Hors-d'Œuvre ne courait pas moins de vingt-deux fois, du mois de mars au milieu de novembre, allant de Mont-de-Marsan à Tarbes, puis à Pau et à Bordeaux, et, après une série non interrompue de huit victoires consécutives (il s'était, en effet, effacé devant son compagnon d'écurie Gil-Pérès dans le Grand Prix des Pyrénées, où sa défaite équivalait à une victoire), Hors-d'Œuvre était envoyé à Longchamps, où, dans le prix des Pavillons, il avait facilement raison de Corisande. Il reprenait ensuite ses courses dans le Midi, à Angoulème, Lyon, Toulouse et Aix-les-Bains, toujours avec le même succès, sauf dans le Grand Prix de Lyon, dont le gagnant, Caméléon, lui rendait trois livres seulement pour trois années ; puis il venait courir, à Maisons-Laffitte, le handicap de l'Escaut où, à deux livres pour une année, il était battu d'une longueur et demie par Miroir-de-Portugal, mais finissait devant Tigresse, Séraphine II et Maiden, auxquels il rendait de quinze à vingt livres. Il courait trois fois encore pendant l'automne, à Tours et à Bordeaux, et remportait deux victoires, sur Rabelais, Buffalo-Bill, Belcolore et Lauzanne entre autres ; dans le prix du Médoc, à Bordeaux, il s'était effacé devant son camarade d'écurie Gil-Pérès. Il avait, en résumé, sur vingt-deux courses, gagné dix-sept prix (dont quatre walk-over) et avait trois fois cédé la première place à un compagnon de box : il avait, en outre, montré une résistance à toute épreuve. Hors-d'Œuvre courait neuf fois encore à quatre ans (1893). Après s'être effacé de nouveau dans le prix du Printemps, à Mont-de-Marsan, devant Gil-Pérès, il gagnait successivement six courses, à Mont-de-Marsan d'abord, puis à Pau, à Bordeaux, et enfin à Longchamps, où, dans le prix des Pavillons, qu'il courait pour la seconde fois, il battait, à poids égal, Galette, Brocatelle et Tigresse. Réservé pour la réunion d'automne à Paris, il n'était plus en possession de ses moyens, lorsque Primrose et Verrière II le battaient facilement dans le prix de Martinvast ; il n'était pas plus heureux dans le prix du Conseil municipal, bien qu'il portât un poids très favorable (52 kilos) ; malgré ses nombreuses victoires, il n'avait, en effet, jamais gagné un prix de 10.000 francs, et, à une ou deux exceptions près, ne s'était jamais mesuré avec des chevaux d'ordre. Quelques semaines après cette dernière course, il était acheté 28.000 francs par l'Administration des Haras.

PEDIGREE DE HORS-D'ŒUVRE

HORS-D'ŒUVRE (Bai—1889).	**GILBERT** (—1872). Lord Clifden (Bai—1860). Fille de (Baie—1851).	**Touchstone** (Bbr.—1831)	Camel p. Whalebone (Waxy) — f. de Selim — Maiden p. Sir Peter — f. de Phenomenon — Matron p. Florizel — Maiden p. Matchem, etc. Banter p. Master Henry (Orville) — Boadicea p. Alexander (Eclipse) — Brunette p. Amaranthus — Mayfly p. Matchem, etc.
	Newminster (B.—1848). The Slave (B.—1852).	**Beeswing** (Baie—1833)	Dr Syntax p. Paynator (Trumpator) — f. de Beningbro' — Jenny Mole p. Carbuncle — f. de Prince T. Quassa — f. de Bloody Buttocks, etc. Fille d'Ardrossan (John Bull et Miss Whip p. Volunteer)—Lady Eliza p. Whitworth (Agonistes) — f. de Spadille — Sylvia p. Y. Marske, etc.
	Toxophilite B. 1855.	**Melbourne** (Bai—1834)	Humphrey Clinker p. Comus (Sorcerer) — Clinkerina p. Clinker — Pewet p. Tandem (Syphon) — Termagant p. Tantram (Cripple), etc. Fille de Cervantes (Don Quixote) — f. de Golumpus (Gohanna) — f. de Paynator — s. de Zodiac p. St-George — Abigail p. Woodpecker, etc.
	Maid of Masham (B.-1857).	**Volley** (Baie—1845)	Voltaire p. Blacklock (Whitelock) — f. de Phantom (Walton) — f. d'Overton — m. de Gratitude p Walnut — f. de Ruler, etc. Martha Lynn p. Mulatto (Catton) — Leda p. Filho da Puta — Treasure p. Camillus (Hambletonian) — f. de Hyacinthus, etc.
		Longbow (Bai—1849)	Ithuriel p. **Touchstone** — Verbena p. Velocipede (Blacklock)—Horatia p. Milo (Sir Peter) — The Wren p. Woodpecker — s. de Rubens, etc. Miss Bowe p. Catton (Golumpus) — m. de Wagtail p. Orville — Miss Grimstone p. Weasel — f. d'Ancaster — f. de Damascus Arabian, etc.
		Lege demain (Baie — 1846)	Pantaloon p. Castrel (Buzzard) — Idalia p. Peruvian — Musidora p. Meteor—Maid of All Work p. Highflyer — s. de Tandem p. Syphon, etc. Decoy p. Filho da Puta (Haphazard)—Finesse p. Peruvian (Sir Peter)— — Violante p. John Bull (Fortitude) — s. de Skyscraper p. Highflyer.
		Don John (Bai—1835)	Waverley p. Whalebone (Waxy) —Margaretta p. Sir Peter — s. de Cracker p. Highflyer — Nutcracker p. Matchem—Miss Starling p. Starling. Fille de Comus (Sorcerer) — Marciana p. Stamford — Marcia p. Coriander — Faith p. Pacolet — Atalanta p. Matchem, etc.
		Miss Lydia (Grise—1838)	Belshazzar p. **Blacklock** — Manuella p. Dick Andrews — Mandane p. Pot8os — Y. Camilla p. Woodpecker — Camilla p. Trentham, etc. Fille de Comus (Sorcerer) — m. de Plumper p. Delpini — Miss Muston p. King Fergus (Eclipse) — Columbine p. Espersykes, etc.
	HORTENSIS (Baie—1878). Hortensia (Baie—1870). Ferragus (Bai—1864). Richmond Hill (B.-1855) Ventre-St-Gris (B. 1855).	**Gladiator** (Alez.—1833)	Partisan p. **Walton** (Sir Peter) — Parasol p. Pot8os (Eclipse) — Prunella p. Hyghflyer — Promise p. Snap — Julia p. Blank, etc. Pauline p. Moses (Seymour et f. de Gohanna) — Quadrille p. Selim — Canary Bird p. Sorcerer — Canary p. Coriander, etc.
	Finlande (B.—1858).	**Zarah** (Baie—1835)	Reveller p. Comus (Sorcerer et Houghton Lass p. Sir Peter)—Rosette p. Beningbro' (King Fergus) — Rosamond p. Tandem, etc. Fille de Rubens (Buzzard et f. d'Alexander) — Brightonia p. Gohanna (Mercury) — Nutmeg p. Sir Peter — Rantipole p. Blank, etc.
	Fitz Gladiator (A!.-1838).	**Ion** (Bbr.—1835)	Cain p. Paulowitz (Sir Paul et Evelina p. Highflyer)— f. de Paynator (Trumpator) — f. de Delpini —s. de Mary p. Y. Marske, etc. Margaret p. Edmund (Orville et Emmeline p. Waxy) — Medora p. Selim (Buzzard) — f. de Sir Harry — f. de Volunteer (Eclipse), etc.
		Fraudulent (Bbr.—1843)	Venison p. Partisan (Walton) — Fawn p. Smolensko (Sorcerer)—Jerboa p. Gohanna — Camilla p. Trentham (Sweepstakes), etc. Deceitful p. Defence (Whalebone) — Lady Stumps p. **Tramp** (Dick Andrews) — Ursula p. Cervantes (Don Quixote)—Fanny p. Sir Peter.
		Gladiator (Alez.—1833)	Partisan p. **Walton** (Sir Peter et Arethusa p. Dungannon) — Parasol p. Pot8os (Eclipse et Sportsmistress p. Sportsman), etc. Pauline p. Moses — Quadrille p. Selim (Buzzard et f. d'Alexander) — Canary Bird p. Sorcerer — Canary p. Coriander, etc.
		Belle-de-Nuit (Baie — 1844)	Young Emilius p. Emilius (Orville) — Cobweb p. Phanton (Walton) — Filagree p. Soothsayer — Web p. Waxy, etc. Odine p. Tigris (Quiz et Persepolis p. Alexander) — Miss Ann p. Figaro (Haphazard) — f. de Tramp — Harpham Lass p. Camillus, etc.
		Fernhill (Bbr.—1845)	Ascot p. Peterborough (Middleton et Cressida) — Amber p. Ambo — Stamfordia p. Stamford — Legacy p. King Fergus, etc. Arethusa p. Elis (Langar et Olympia p. Sir Oliver) — Languid p. Cain — Lydia p. Poulton — Variety p. Hyacinthus, etc
		Fille de (B —1842)	Y. Phantom (**Walton** et Julia p. Whisky)—Emmeline p. Waxy—Sorcery p. Sorcerer — Cobbea p. Skyscraper, etc. Sœur de Barefoot p. **Tramp** (Dick Andrews et f. de Gohanna) — Rosamond p. Buzzard — Rosebery p. Phenomenon — Miss West, etc.

LE GLORIEUX

(APPARTIENT A M. ALBERT MÉNIER)

*Pendant la saison de monte de 1894, Le Glorieux sera en station au haras du Mandinet, à
Loynes, station d'Emerainville-Pontault (Seine-et-Marne), où il saillira un certain nombre de juments étrangères au haras, à raison de quinze cents francs, plus 20 fr. pour
l'écurie. S'adresser à M. Albert Ménier, 15, avenue du Bois-de-Boulogne, à Paris ☩.*

Le GLORIEUX, par Frontin, est né en 1887, au haras de Saint-Georges; il est le
cinquième produit de the Garry, par Breadalbane, née en Angleterre en 1872, chez M. Blenkiron et importée en 1879 par M. V. Malapert, qui a donné également Saint-Gall avec Sal-
téador, Géant et Germinal avec Frontin. Alezan, avec une longue lisse en tête, et deux
petites balzanes, antérieure gauche et postérieure droite, de grande taille, — 1m63 —, Le Glorieux a un très beau dessus, des quartiers plus développés et la côte plus ronde que
ne les ont en général les produits de Frontin, et une bonne longueur dessous; il est
un peu léger au-dessous du genou. Conservé par le baron de Soubeyran, qui l'avait
racheté 80.500 francs, lors de la dissolution de Société qui, en 1890, suivit la mort du
duc de Castries, Le Glorieux avait couru une seule fois à deux ans, encore très vert, le
prix de Deux Ans à Deauville, où il n'était pas placé derrière Cromatella et Magnolia. Il
commençait sa troisième année en prenant la troisième place derrière Yellow et Puchero
dans le prix Hocquart; quatrième dans le prix Daru, gagné par Filbustier, il allait
courir à Nantes le Derby de l'Ouest (2.200 m.), où il était battu d'une demi-longueur
par Réveillé et il remportait quatre jours après, à Longchamps, sa première victoire
dans le prix du Trocadéro, sur Dogaresse et Narcisse. Non placé dans le prix du
Jockey-Club et le Grand Prix de Paris, Le Glorieux battait de six longueurs Sledge
dans le prix de Rocquencourt, à Deauville. Malgache dans le prix Hocquart et Liliane
dans le prix de Clôture lui infligeaient deux défaites successives, dont la régularité est
loin d'être établie, étant donné qu'à Dieppe, la semaine suivante, il battait très facilement Livie II dans le prix d'Août. De retour à Paris, il battait Mirabeau, Puchero et Le
Mazarin dans le prix Royal Oak, où il était lui-même battu de deux longueurs par Alicante,
puis faisait un dead-heat avec Mirabeau dans le prix de Villebon et terminait la saison
dans le Handicap Libre où, portant 62 kilos, il finissait troisième à deux longueurs
de Soliman (4 a., 58 kil.) et de Saint-Pair du-Mont (3 a., 56 kil.). A quatre ans,
Le Glorieux, après une course peu heureuse à Maisons-Laffitte, commençait dans le
prix du Cadran la série de ses rencontres avec Mirabeau, dans les épreuves classiques à longue distance de 1891; battu d'une longueur par le cheval de M. Aumont,
Barberousse; lui infligeait dans la Coupe une nouvelle défaite; il prenait ensuite dans
le Biennal, gagné par Alicante, sa revanche sur Mirabeau, qu'il battait de trois longueurs, puis enlevait facilement sur Livie II, Amandier et Wandora, le prix du Prince,
de Galles. Il battait de nouveau Mirabeau dans le prix de Dangu à Chantilly, laissait
loin derrière lui Barberousse sur les 4.000 mètres du prix de Satory à Paris, mais
dans le prix de la Moskowa (4.000 m.), il était par surprise battu par Naviculaire,
qu'il avait laissé s'échapper. Après deux nouvelles tentatives infructueuses à Deauville,
dans le prix Hocquart qu'il perdait d'une tête contre Livie II à laquelle il rendait dix
livres, et dans le Grand Prix, Le Glorieux allait gagner à Dieppe le prix National et,
de retour à Paris, il battait facilement Lord Euvre dans le prix Jouvence. Dans le prix
Gladiateur, il était, après une très belle lutte, battu d'une demi-longueur par Mirabeau,
et il faisait sa dernière course à quatre ans à Chantilly dans le prix du Pin, où il battait facilement Le Nord. Il courait encore trois fois à cinq ans (1892) sous les couleurs du baron de Soubeyran, dans le prix Rainbow, la Coupe et le prix Rieussec, à
Longchamps, où il était battu par Bérenger, Amadis II, Floréal et Programme; il était
alors acheté 80.000 francs par M. Albert Ménier, pour lequel il gagnait le prix de Nan-
terre et le prix de la Moskowa, à la réunion d'été de Longchamps. Second derrière
Primrose et devant Fitz-Roya et Programme dans le prix de la Jonchère, Le Glorieux
enlevait ensuite en province une série de prix Nationaux, à Lyon, Caen, Deauville et
Dieppe; il était moins heureux dans le prix des Dunes et le Grand Prix, à Deauville,
et, après une nouvelle défaite par Soleil dans le prix Jouvence, à Longchamps, il terminait sa carrière sur le turf dans le prix de Martinvast, où il prenait la seconde
place derrière Primrose. Il avait couru quarante-deux fois, en très bonne compagnie,
presque toujours placé, gagné quatorze courses et 126.371 francs d'argent place. Il
a fait en 1892, au haras du Mandinet, sa première saison de monte. En dehors de
Stockwell et de Melbourne, qu'on retrouve à peu près au même degré dans l'ascendance de son père et de sa mère, les deux auteurs de Le Glorieux n'ont aucune rela-
tion commune; l'union en dehors est, dans son cas, presque aussi absolue que possible.

PEDIGREE DE LE GLORIEUX

LE GLORIEUX (Alezan—1887).	FRONTIN (Alezan—1880).	George Frederick (Alezan—1871).	Marsyas (Al.-1851)	Orlando (Bai—1841)	**Touchstone** p. Camel (**Whalebone** et f. de Selim) — Banter p. Master Henry (Orville) — Boadicea p. Alexander (Eclipse) — Brunette, etc. Vulture p. Langar (Selim et f. de Walton) — Kite p. Bustard (Castrel) — Olympia p. Oliver (Sir Peter) — Scotilla p. Anvil (Herod), etc.
				Malibran (Alez.—1830)	Whisker p. Waxy (Pot8os et Maria p. Herod) — Penelope p. Trumpator (Conductor) — Prunella p. Highflyer (Herod) — Promise p. Snap. Garcia p. Octavian (Stripling et f. d'Oberon) — f. de Shuttle (Young Marske) — Katherine p. Delpini — f. de Paynator (Blank), etc.
			Princess of Wales (Al.-1862)	**Stockwell** (Alez.—1849)	The Baron p. Birdcatcher (Sir Hercules et Guiccioli p. Bob Booty) — Echidna p. Economist (Whisker) — Miss Pratt p. Blacklock, etc. Pocahontas p. Glencoe (Sultan et Trampoline p. Tramp) — Marpessa p. Muley (Orville) — Clare p. Marmion — Harpalice p. Gohanna, etc.
				The Bloomer (Baie—1830)	**Melbourne** p. Humphrey Clinker (Comus et Clinkerina p. Clinker) — f. de Cervantes (Don Quixote) — f. de Golumpus (Gohanna), etc. Lady Sarah p. Velocipede (Blacklock et f. de Juniper) — Lady Moore Carew p. Tramp (Dick Andrews) — Kite p. Bustard (Castrel), etc.
		Frolicsome (Baie—1863).	Weatherbit (Bb.—1842)	Sheet Anchor (Bai—1832)	Lottery p. Tramp (Dick Andrews et f. de Gohanna) — Mandane p. Pot8os — Y. Camilla p. Woodpecker — Camilla p. Trentham — Coquette, etc. Morgiana p. Muley (Orville et Eleanor p. Whisky) — Miss Stephenson p. Sorcerer (Trumpator) — s. de Petworth p. Precipitate (Mercury).
				Miss Letty (Baie—1834)	Priam p. Emilius (Orville et Emily p. Stamford) — Cressida p. Whisky — Y. Giantess p. Diomed (Florizel) — Giantess p. Matchem, etc. Mère de Miss Fanny p. Orville (Beningbro' et Evelina p. Highflyer) — f. de Buzzard (Woodpecker) — Hornpipe p. Trumpator — Luna p. Herod.
			Frolic (Bbr.—1848)	**Touchstone** (Bbr.—1831)	Camel p. **Whalebone** (Waxy) — f. de Selim (Buzzard) — Maiden p. Sir Peter (Highflyer) — f. de Phenomenon (Herod) — Matron p. Florizel. Banter p. Master Henry (Orville et Miss Sophia p. Stamford) — Boadicea p. Alexander — Brunette p. Amaranthus — Mayfly p. Matchem.
				Fille de (Baie—1838)	The Saddler p. Waverley (**Whalebone** p. Waxy et Margaretta p. Sir Peter) — Castrellina p. Castrel (Buzzard) — f. de Waxy — Bizarre, etc. Stays p. **Whalebone** (Waxy) — f. de Frolic p. Hedley (Gohanna et Catherine p. Woodpecker) — m. de Camel p. Selim — Maiden, etc.
	THE GARRY (Baie—1872).	Breadalbane (Bai—1862).	**Stockwell** (Al.-1849)	The Baron (Alez.—1842)	Birdcatcher p. Sir Hercules — Guiccioli p. Bob Booty (Chanticleer et Ierne) — Flight p. Irish Escape (Commodore) — Young Heroine, etc. Echidna p. Economist (Whisker et Floranthe) — Miss Pratt p. Blacklock — Gadabout p. Orville — Minstrel p. Phenomenon, etc.
				Pocahontas (Baie—1837)	Glencoe p. Sultan (Selim et Bacchante) — Trampoline p. Tramp (Dick Andrews et f. de Gohanna) — Web p. Waxy — Penelope, etc. Marpessa p. Muley (Orville et Eleanor) — Clare p. Marmion (Whisky et Y. Noisette) — Harpalice p. Gohanna — Amazon p. Driver, etc.
			Blink Bonny (Bb.-1854)	**Melbourne** (Bbr.—1834)	Humphrey Clinker p. Comus (Sorcerer et Houghton Lass) — Clinkerina p. Clinker (Sir Peter) — Pewet p. Tandem (Syphon) — Termagant, etc. Fille de Cervantes (Don Quixote et Evelina) — f. de Golumpus (Gohanna et Catherine p. Woodpecker) — f. de Paynator — s. de Zodiac, etc.
				Queen Mary (Baie—1843)	Gladiator p. Partisan (Walton et Parasol) — Pauline p. Moses (Seymour et Javelin p. Eclipse) — Quadrille p. Selim — Canary Bird, etc. Fille de Plenipotentiary (Emilius et Harriet p. Pericles) — Myrrha p. Whalebone — Gift p. Young Gohanna (Gohanna), etc.
		Restless (Bai-Brune—1854).	Burgundy (B.—1843)	Ishmael (Alez.—1830)	Sultan p. Selim (**Buzzard** et f. d'Alexander) — Bacchante p. Williamsons' Ditto (Sir Peter) — s. de Calomel p. Mercury — f. d'Herod, etc. Sœur de Cobweb p. Phantom (Walton) — Filagree p. Soothsayer (Sorcerer) — Web p. Waxy — Penelope p. Trumpator — Prunella, etc.
				Caroline (Baie—1836)	Irish Drone p. Master Robert (Butter et Spinster p. Shuttle) — f. de Sir Walter Raleigh — Miss Tooley p. Teddy The Grinder — Lady Jane. Mère de The Potentate p. don Juan (Blucher et Larissa p. Trafalgar) — Moll in The Wad p. Hambletonian (King Fergus) — Spitpire p. Pipator, etc.
			Maid of Newton (Bb.-1844)	Sir John (Bai—1825)	Little John p. Remembrancer (Pipator et Queen Mab p. Eclipse) — Hasty p. Walnut — Brown Javelin p. Javelin — s. de Walnut, etc. Fille de Phantom (Walton et Julia p. Whisky) — s. d'Election p. Gohanna (Mercury) — Chesnut Skim p. Woodpecker — f. d'Herod, etc.
				Lapwing (Bbr.—1837)	Bustard p. Castrel (**Buzzard** et f. d'Alexander) — Miss Hap p. Shuttle — s. d'Haphazard p. Sir Peter — f. d'Eclipse, etc. Fille de Muley (Orville et Eleanor p. Whisky) — Rosanne p. Dick Andrews — Rosette p. Beningbro' — Rosamond p. Tandem — Tuberose, etc.

MARTIN-PÊCHEUR II

(APPARTIENT A M. HENRI CARTIER).

Pendant la saison de monte de 1894, Martin-Pêcheur II sera en station au haras de Grisy-les-Plâtres, station de Boissy l'Aillerie, près Pontoise (Seine-et-Oise), où il saillira douze juments étrangères au haras, à raison de six cents francs, plus 20 fr. pour l'écurie. S'adresser à M. Henri Cartier, 8, rue Leroux, à Paris.

MARTIN-PÊCHEUR II, par Dollar, est né en 1881 chez M. Henri Cartier ; il est le onzième produit de Schooner, par Father Thames, née en 1862 chez Richard Carter, qui a donné également Le Nageur, La Vague, Lavandière et Dauphin avec Dollar et est morte en 1887. Martin-Pêcheur II est un joli cheval bai, de bonne taille, — 1m62, — bien équilibré, avec les tissus fins et les membres admirablement trempés. Pendant les trois saisons qu'il a paru sur le turf, il a couru trente-six fois, presque toujours placé, et faisant preuve d'un courage digne de son auteur. Sans entrer dans le détail de toute ses performances, nous rappellerons que, pour ses débuts, il gagnait, à trois ans (1884), le prix Daumesnil à Vincennes, figurait honorablement, avec 54 kilos 1/2, derrière Café-Procope auquel il rendait six livres, et Imposant dans le prix du Lac, à Longchamps, et faisait un dead-heat avec Finesse dans le prix des Acacias ; il gagnait ensuite le prix du Conseil municipal, à Rouen, le prix de la Société d'Encouragement au Pin et faisait dans le Handicap libre de Longchamps au nouveau dead-heat pour la troisième place avec Lavaret, derrière Georgina et Précieuse. Il terminait sa fatigante campagne dans le prix de la Société d'Encouragement à Marseille, où il battait Blonde II et Précy. A quatre ans, Martin-Pêcheur II remportait onze victoires sur les seize courses où il se présentait. Après avoir enlevé facilement le prix de Chantilly, à Vincennes, sur Précy et Gravier, et le prix de Chevilly, à Longchamps, sur Sénégal et Lavaret, il était très facilement battu par Plaisanterie dans le prix de la Seine, où il finissait devant Richelieu et Sansonnet, et gagnait successivement le prix de Bagatelle, sur Richelieu et Georgina, et le prix du Polygone à Vincennes. Second derrière Fra-Diavolo dans le prix du Printemps, à Longchamps, il remportait, quatre jours après, dans le prix du Prince de Galles, la plus belle victoire de sa carrière ; il y battait, en effet, d'une courte tête Plaisanterie, à huit livres pour une année, et laissait à quatre longueurs Fra-Diavolo. A la réunion d'été du Bois de Boulogne, il gagnait successivement les prix de Satory, de la Moskowa (4.000m l'un et l'autre) et de Meudon (3.000 m.), battait ensuite Barberine et Cadence dans le prix de Seine-et-Marne à Fontainebleau, et allait gagner pour la seconde fois le prix du Conseil municipal à Rouen. Second dans le Grand Prix de Beauvais derrière Héros, il gagnait encore le prix Principal à Caen, mais il tombait boiteux le lendemain dans le prix National, où il paraissait imbattable et ne pouvait plus courir de la saison. Martin-Pêcheur, qui n'avait pu se remettre complètement de cet accident, courait trois fois encore sans succès en 1886, à Longchamps d'abord, puis à Beauvais, où il faisait sa dernière apparition publique dans le Grand Handicap, où, portant 60 kilos, il prenait la seconde place derrière Cassiopée. Il avait gagné 131.300 francs d'argent public. A la fin de sa carrière de courses, Martin-Pêcheur II était rendu par M. Maurice Ephrussi, sous les couleurs duquel il avait couru, à son associé, M. Henri Cartier, qui le conservait comme étalon. Il a peu produit encore ; Mandarine, qu'il a eue avec Miss Bowstring, mère de Malgache, a gagné quelques courses en 1892 ; il a donné également Peplum et Tragopan.

PEDIGREE DE MARTIN-PÊCHEUR II

MARTIN-PÊCHEUR II (Bai—1881).

Left-hand genealogical columns:
SCHOONER (Alezane—1862). — Father Thames (Alezan—1849). — DOLLAR (Bai—1860). — Payment (Alez.—1848). — Admiral (Baie—1855). — The Flying Dutchman (Bhr.—1846). — Slane (B.—1833). — Receipt (Alz.—1843). — Black Bird (N.—1843). — Bay Middleton (B.—1833). — Barbelle (B.—1836). — Collingwood (B.—1843). — Fille de (B.—1839). — Faugh a Ballagh (Bb.—1841).

Sultan (Bai—1816)	Selim p. Buzzard —fille d'Alexander (Eclipse et Grecian Princess)—f. d'Highflyer (Herod) — f. d'Alfred (fr. de Conductor) p. Matchem. Bacchante p. Williamson's Ditto —s. de Calomel p. Mercury (Eclipse) — f. d'Herod—Folly p. Marske — fille de Regulus, etc.
Cobweb (Baie—1821)	Phantom p. **Walton**—Julia p. Whisky (Saltram et Calash)—Y. Giantess p. Diomed—Giantess p. Matchem—Molly Long Legs p. Babraham, etc. Filagree p. Soothsayer (Sorcerer)—Web p. **Waxy**—Penelope p. Trumpator—Prunella p. Highflyer (Herod) — Promise p. Snap, etc.
Sandbeck (Bai—1818)	**Catton** p. Golumpus — Lucy Grey p. Timothy (Delpini et Cora p. Matchem) — Lucy p. Florizel (Herod) — Frenzy p. Eclipse, etc. Orvillina p. **Beningbro'**—Evelina p. Highflyer (Herod)—Termagant p. Tantrum — Cantatrice p. Sampson—f. de Regulus—m. de Marske, etc.
Darioletta (Bbr.—1822)	Amadis p. Don Quixote—Fanny p. Sir Peter — f. de Diomed—Desdemona p. Marske—Y. Hag p. Skim—Hag p. Crab—Ebony p. Childers. Selima p. **Selim** — f. de Pot8os — Editha p. Herod— Elfrida p. Snap — Miss Belsea p. Regulus — f. de Bartlett — f. d'Honeywood A.
Royal Oak (Bbr.—1823)	**Catton** p. Golumpus (Gohanna) — Lucy Grey p. Timothy (Delpini et Cora p. Matchem) — Lucy p. Florizel (Herod) — Frenzy p. Eclipse. Fille de Smolensko (Sorcerer et Wowski p. Mentor) — Lady Mary p. **Beningbro'** (King Fergus) — fille d'Highflyer — fille de Marske, etc.
Fille de (Baie—1819)	**Orville** p. **Beningbro'** (King Fergus et f. d'Herod) — Evelina p. Highflyer —Termagant p. Tantrum —Cantatrice p. Sampson (Blaze). Epsom Lass p. Sir Peter (Highflyer) — Alexina p. King Fergus — Lardella p. Y. Marske (Squirt)—f. de Cade (Godolphin)—f. de Beaufremont.
Rowton (Alez.—1826)	Oiseau p. Camillus (Hambletonian) — fille de Ruler (Y. Marske) — Treecreeper p. Woodpecker — fille de Trentham, etc. Katharina p. Woful (**Waxy** et Penelope) — Landscape p. Rubens (Buzzard) — Iris p. Brush (Eclipse) — fille d'Herod, etc.
Fille de (Alez.—1826)	Sam p. Scud (Beningbro' et Eliza p. Highflyer)—Hyale p. Phenomenon — Rally p. Trumpator — Fancy, s. de Diomed, p. Florizel, etc. Morel p. Sorcerer (Trumpator et Y. Giantess)—Hornby Lass p. Buzzard — Puzzle p. Matchem — Princess p. Herod — Julia p. Blank, etc.
Sir Hercules (Noir—1826)	Whalebone p. **Waxy** (Pot8os) — Penelope p. Trumpator (Conductor)— Prunella p. Highflyer (Herod) — Promise p. Snap—Julia p. Blank, etc. Peri p. Wanderer (Gohanna et Catherina p. Woodpecker) — Thalestris p. Alexander —Rival p. Sir Peter (Highflyer) — Hornet p. Drone, etc.
Guiccioli (Alez.—1823)	Bob Booty p. Chanticleer (Woodpecker et f. d'Eclipse) — Ierne p. Bagot (Herod) — f. de Gamahoe (Bustard) — Patty p. Tim (Squirt), etc. Flight p. Irish Escape (Commodore et m. de Buffer p. Highflyer) — Y. Heroine p. Bagot — Heroine p. Hero (Cade) — s. de Regulus, etc.
Bran (Alez.—1831)	Humphrey Clinker p. Comus (Sorcerer et Houghton Lass p. Sir Peter) —Clinkerina p. Clinker (Sir Peter) —Pewet p. Tandem (Syphon), etc. Velvet p. Oiseau (Camillus et f. de Ruler) — Wire p. **Waxy** — Penelope p. Trumpator (Conductor)—Prunella p. Highflyer—Promise, etc.
Active (Baie—1820)	Partisan p. **Walton** (Sir Peter et Arethusa)— Parasol p. Pot8os — Prunella p. Highflyer —Promise p. Snap (Snip et s. de Slipby)—Julia, etc. Eleanor p. Whisky (Saltram et Calash)—Y. Giantess p. Diomed (Florizel)—Giantess p. Matchem (Cade)—Molly Long Legs. etc.
Sheet Anchor (Bbr.—1832)	Lottery p. Tramp (Dick Andrews) — Mandane p. Pot8os — Young Camilla p. Woodpecker—Camilla p. Trentham—Coquette p. the Compton B. Morgiana p. Muley — Miss Stevenson p. Sorcerer — s. de Petworth p. Precipitate — f. de Woodpecker— s. de Juniper p. Snap, etc.
Kalmia (Alez.—1826)	Magistrate p. Camillus — Lady Rachel p. Stamford— Young Rachel p. Volunteer—Rachel, s. de Maid of All Work, p. Highflyer (Herod), etc. Zephyrina p. Middlethorpe (Shuttle) —Pagode p. Sir (Highflyer) — Rupee p. Coriander — Matron p. Florizel—Maiden p. Matchem, etc.
Plenipotentiary (Alez.—1831)	Emilius p. **Orville** (**Beningbro'**)— Emily p. Stamford (Sir Peter)—f. de Whisky — Grey Dorimant p. Dorimant (Otho)— Dizzy p. Blank, etc. Harriet p. Pericles (Evander et f. de Precipitate)—f de **Selim** (Buzzard) —Pipylina p. Sir Peter (Highflyer)—Rally p. Trumpator, etc.
Volage (Bbr.—1827)	Waverley p. Whalebone (**Waxy**)—Margaretta p. Sir Peter—s. de Cracker p. Highflyer—Nutcracker p. Matchem—Miss Starling p. Starling, etc. F. de **Catton** (Golumpus et Lucy Grey p. Timothy)—Henrietta p Sir Salomon—s. d'Olive p. Woodpecker — f. de Trentham —December, etc.

MIRABEAU

(APPARTIENT A M. ALBERT MÉNIER)

Pendant la saison de monte de 1894, Mirabeau sera en station au haras du Mandinet, à Loynes, station d'Emerainville-Poutault (Seine-et-Marne), où il saillira un certain nombre de juments étrangères au haras, à raison de quinze cents francs, plus 20 francs pour l'écurie. S'adresser à M. Albert Ménier, 15, avenue du Bois-de-Boulogne, à Paris. †

MIRABEAU, par Saxifrage, est né en 1887 chez M. Paul Aumont, au haras de Victot ; il est le septième produit de Mariannette, par Ruy Blas, née en 1875 chez M. Achille Fould, qui a donné également Meilleur avec Saxifrage. Alezan, avec une lisse prolongée en tête et quatre balzanes haut-chaussées, de grande taille, — 1m63, — Mirabeau est très vigoureusement charpenté et rappelle sous beaucoup de points son père Saxifrage, mais il manque de distinction dans son ensemble, et ses canons sont un peu menus. Mirabeau courait une seule fois à deux ans, le prix de Condé à Chantilly, où, très vert encore, il prenait la quatrième place derrière Bougie, Congrès et Livie II. Il inaugurait sa troisième année par une victoire, sans grande signification d'ailleurs, dans le prix de l'Espérance. Non placé dans la Poule d'Essai des poulains, sur une distance trop courte pour ses aptitudes, il finissait second derrière Heaume dans le prix du Jockey-Club, battant Fitz-Roya, Le Glorieux, Châlet et Puchero. Il gagnait ensuite facilement le prix du Cèdre (2.200m), à Longchamps, sur Flibustier et Livie II, et il prenait la quatrième place derrière Fitz-Roya, Fitz-Hampton et Odd-Fellow dans le Grand Prix de Paris, devant Le Glorieux, Alicante, Le Nord, Puchero et Wandora. Second dans le Grand-St-Léger de Caen, gagné par Puchero, non placé dans le prix Hocquart à Deauville, Mirabeau était battu par Alicante et Le Glorieux dans le prix Royal Oak, mais il faisait un dead-heat avec ce dernier dans le prix de Villebon et il enlevait très facilement le prix de Villeron sur Kivala. Il courait enfin le prix de la Faisanderie à Chantilly, où, handicapé à 62 kilos, il finissait troisième derrière Kaschmir (52 kil. 1/2) et Dourak (52 kil.). A quatre ans (1891), Mirabeau réussissait un triple éveut unique, croyons-nous, dans l'histoire du turf français ; il gagnait successivement le prix du Cadran (4.000m), le prix Rainbow (5.000m) et enfin le prix Gladiateur (6.200m), c'est-à-dire les trois épreuves appelées par excellence à mettre en relief l'endurance de leurs vainqueurs ; il avait eu pour adversaires Le Glorieux, Yellow, Carmaux (tombé boiteux dans le prix Rainbow) et enfin Barberousse. Dans le prix Biennal et le prix de Dangu, les deux seules autres courses où il se présentait pendant la saison, il avait été battu par Alicante et son vieil adversaire Le Glorieux. Vendu 100.000 francs à M. Albert Ménier, à l'automne de cette même année, il courait encore deux fois à cinq ans, mais il ne devait plus retrouver sa forme, et il ne figurait pas à l'arrivée du prix Gladiateur de 1892, où il faisait sa dernière apparition en public. Il avait, par ses huit victoires, gagné 114.712 francs. Mirabeau a fait en 1893 sa première saison de monte au haras du Mandinet.

PEDIGREE DE MIRABEAU

				Ascendants
MIRABEAU (Alezan —1887) — **SAXIFRAGE (Alezan —1872)**	Slapdash (Baie—1855)	Messaline (B.—1840)	**Gladiator** (Bai—1833)	Partisan p. **Walton** (Sir Peter) — Parasol p. Pot8os — Prunella p. Highflyer—Promise p. Snap — Julia p. Blank (Godolphin), etc. Pauline p. Moses (Seymour et Bay Javelin) —Quadrille p.Selim—Canary Bird p. Sorcerer —Canary p. Coriander (Pot8os)—Miss Green, etc.
			Zarah (Baie—1835)	Reveller p. Comus (Sorcerer)— Rosette p. Beningbro' (King Fergus) — Rosamond p.Tandem—Tuberose p. Herod—Grey Starling p. Starling. Fille de Rubens (Buzzard)—Brightonia p. Gohanna (Mercury)—Nutmeg p. Sir Peter —Nimble p. Florizel —Rantipole p. Blank, etc.
		Annandale (Bb.—1842)	The Baron (Alez. —1842)	Birdcatcher p.Sir Hercules—Guiccioli p.Bob Booty—Flight p.Irish Escape —Young Heroine p. Bagot — Heroine p. Hero, etc. Echidna p. Economist (Whisker p. Waxy)—Miss Pratt p. Blacklock — Gadabout p. Orville —Minstrel p. Sir Peter, etc.
			Fair Helen (Baie—1837)	Priam p. **Emilius** (Orville) — Cressida p. Whisky — Y. Giantess p. Diomed —Giantess p. Matchem — Molly Long Legs, etc. Dirce p. Partisan (**Walton**)—Antiope p. Whalebone—Amazon p. Driver (Trentham)—Fractious p. Mercury (Eclipse)—Everlasting, etc.
	Vertugadin (Alezan—1862)	Vermeille (A. —1853)	Touchstone (Bbr. — 1831)	**Camel** p.Whalebone (Waxy)—f.de Selim—Maiden p.Sir Peter (Highflyer) —f. de Phenomenon— Matron p. Florizel—Maiden p. Matchem, etc. Banter p. Master Henry (Orville)—Boadicea p. Alexander— Brunette p. Amaranthus — Mayfly p. Matchem—f. d'Ancaster Starling, etc.
			Rebecca (Baie—1831)	Lottery p. Tramp (Dick Andrews)—Mandane p. Pot8os — Y. Camilla p. Woodpecker—Camilla p. Trentham—Coquette p. The Compton Barb. Fille de Cervantes (Don Quixote) — Anticipation p. Beningbro' — f. d'Expectation — s. de Telemachus — f. de Skim— f. de Janus, etc.
		Fitz Gladiator (A. —1850)	Bay Middleton (Bai—1833)	Sultan p. Selim (Buzzard) — Bacchante p. Williamsons' Ditto — s. de Calomel p. Mercury—f. d'Herod—Folly p. Marske. Cobweb p. Phantom (**Walton**)—Filagree p. Soothsayer—Web p. Waxy — Penelope p. Trumpator — Prunella p. Highflyer, etc.
			Myrrha (Baie—1831)	Malek p. Blacklock — f. de Juniper — f. de Sorcerer — Virgin p. Sir Peter —f. de Pot8os—Editha p. Herod — Elfrida p. Snap, etc. Bessy p. Y. Gouty (Gouty)—, Grandiflora p.Sir Harry Dimsdale —f. de Pipator—f. de Phenomenon — f. de Y. Marske, etc.
MARIANNETTE (Baie—1875)	Ruy-Blas (Alezan—1864)	Marianne (Baie—1856)	Melbourne (Bbr. — 1834)	Humphrey Clinker p. Comus (Sorcerer et Houghton Lass)—Clinkerina p Clinker (Sir Peter) — Pewet p. Tandem—Termagant p. Tantrum. Fille de Cervantes (Don Quixote et Evelina p. Highflyer)—f. de Golumpus (Gohanna) — f. de Paynator — s. de Zodiac p. St-George, etc.
			Mowerina (Baie—1843)	**Touchstone** p. **Camel** (Whalebone et f. de Selim)— Banter p. Master Henry (Orville)— Boadicea p. Alexander— Brunette p. Amaranthus. Emma p. Whisker (Waxy et Penelope p. Trumpator) — Gibside Fairy p. Hermes (Mercury)— Thalestris p. Alexander — Rival p. Sir Peter.
		Sting (Bbr.—1843)	**Gladiator** (Alez.—1833)	Partisan p. **Walton** (Sir Peter et Arethusa p. Dungannon) —Parasol p. Pot8os — Prunella p.Highflyer — Promise p. Snap — Julia p. Blank. Pauline p. Moses (Seymour et f. de Gohanna) — Quadrille p. Selim (Buzzard) — Canary Bird p. Sorcerer — Canary p. Coriander, etc.
			Cingara (Baie—1846)	Isaac p. **Camel** (Whalebone et f. de Selim) — Arachne p. Filho da Puta — Treasure p. Camillus — f. de Hyacinthus — Flora p. King Fergus. Gipsy Queen p. Tomboy (Jerry et m. de Beeswing p. Ardrossan) — Lady Moore Carew p. Tramp — Kite p. Bustard — Olympia, etc.
	West Australian (B.—1850)	Rosati (B.—1856)	Slane (Bai—1833)	Royal Oak p. Catton (Golumpus et Lucy Grey) — f. de Smolensko — Lady Mary p. Beningbro' (King Fergus) —f. d'Highflyer—f. de Marske. Fille d'Orville (Beningbro' et Evelina p. Highflyer) — Epsom Lass p.Sir Peter — Alexina p. King Fergus (Eclipse) — Lardella p. Y. Marske.
			Echo (Baie—1828)	**Emilius** p. Orville (Beningbro' et Evelina p. Highflyer) — Emily p. Stamford (Sir Peter p. Highflyer) — f. de Whisky —Grey Dorimaut. Fille de Scud (Beningbro' et Eliza p. Highflyer) — Canary Bird p.Sorcerer—Canary p. Coriander— Miss Green p. Highflyer — Harriet, etc.
		Margaret (Al.—1844)	Gigès (Bai—1837)	Priam p. **Emilius** (Orville) — Cressida p. Whisky — Y. Giantess p. Diomed—Giantess p. Matchem —Molly Long Legs p. Babraham, etc. Eva p. Sultan (Selim et Bacchante p. Williamsons Ditto) —Eliza Leeds p. Comus (Sorcerer) — Helen p Hambletonian (King Fergus), etc.
			Anna (Baie— 1826)	Godolphin p. Partisan (**Walton** et Parasol p. Pot8os) — Ridicule p. Shuttle — s. d'Oatlands p. Dungannon — Letitia p. Highflyer, etc. Barrosa p. Vermin (Parker et Grey Brocklesby p. Bloody Buttocks) — Nike p. Alexander (Eclipse) — Nimble p. Florizel — Rantipole, etc.

PETRARCH

(APPARTIENT A M. LE COMTE DE SAINT-PHALLE, CH. DE HUEZ, NIÈVRE)

Pendant la saison de monte de 1894, Petrarch sera en station au haras de Huez (Nièvre),
où il saillira cinq juments étrangères au haras, à raison de deux mille francs. S'adresser
à M. le comte de Saint-Phalle, château de Huez, par Saint-Saulge (Nièvre).

PETRARCH, par Lord Clifden (gagnant du Saint-Léger de 1863), est né en 1873, chez M. Gosden, au haras d'Hollist. Il est le neuvième produit de Laura, par Orlando, née en 1860 chez M. Greville, qui a donné également Protomartyr, Fraulein et Lemnos. Bai, avec des taches charbonneuses, assez légères d'ailleurs, Petrarch est de bonne taille, — 1m61, — et possède les points de force de son aïeul Newminster. Sa première course et son unique exhibition à deux ans fut le Middle Park plate, où il battit, entre autres, Madeira (mère d'Alicante), Kisber, gagnant du Derby de l'année suivante, Lollypop, Kaleidoscope, Clanronald et Braconnier. Il fut alors acheté par lord Dupplin, sous les couleurs duquel il devait courir avec des fortunes bien diverses. Sa victoire facile dans les Deux Mille Guinées de 1876, où il battait Julius Cæsar et Kaleidoscope, lui valait de partir grand favori dans le Derby, où il ne figurait pas à l'arrivée derrière Kisber, Forerunner et le même Julius Cæsar. Quinze jours après, dans les Prince of Wales Stakes d'Ascot, il battait de loin Julius Cæsar en lui rendant sept livres, ce qui ne l'empêchait pas d'être battu le surlendemain dans le Biennal par trois chevaux d'une absolue médiocrité ; enfin, à Ascot également, il ne figurait pas dans le Triennal. Puis, à la surprise générale, lors de sa réapparition à Doncaster, il battait dans le Saint-Léger Wild Tommy, Julius Cæsar et Kisber ! Acheté par lord Lonsdale à la suite de cette victoire, Petrarch causait une nouvelle déception dans le Lincolnshire Handicap de 1877, où il n'était pas placé derrière Footstep. Après un walk-over dans un sweepstakes de peu d'importance à Newmarket, il retrouvait sa forme à Epsom pour gagner avec 56 kilos le High Level Handicap sur Rabagas II (5 a., 46 kil. 1/2), Lilian (46 kil. 1/2) et trois autres, puis à Ascot, où il battait Skylark et Coomassie dans le Gold Cup. Cette heureuse série était interrompue dans le Liverpool Cup, où il était battu d'une tête par Snail, auquel il rendait, il est vrai, dix-neuf livres et trois années ; il n'existait plus à Goodwood, où il s'effondrait littéralement dans le Cup. Il courait trois fois encore à cinq ans (1878) : battu de peu par Sefton dans le City and Suburban, gagnant ensuite le Rous Memorial d'Ascot sur Dalham, Touchet, Insulaire et lord Clive, enfin ne figurant pas derrière Jannette dans les Champion Stakes à Newmarket. L'année suivante, il faisait la monte à Hampton Court, à raison de 100 guinées, et était ensuite envoyé par lord Calthorpe, son nouveau propriétaire, au haras de Lanwades, où sa production a été aussi peu régulière que ses performances sur le turf, peut-être en raison de sa dentition défectueuse qui ne lui permet pas toujours de se bien nourrir. En 1885, année qui marque l'apogée de Petrarch comme étalon, il a été représenté par The Bard et Miss Jummy, gagnante des Mille Guinées et des Oaks de l'année suivante, comme son aînée Busybody en 1882; puis il a donné Florentine, Toscano, Laureate, Ceresa, Lactantius, Peter Flower, Rousseau, etc. A la liquidation de l'écurie de lord Calthorpe, mort en 1893, Petrarch a été acheté 820 guinées (21.525 fr.) par le comte de Saint-Phalle.

PEDIGREE DE PETRARCH

					Pedigree
PETRARCH (Bai—1873). Importé en 1893.	LORD CLIFDEN (Bai—1860).	Newminster (Bai—1848).	Touchstone (Bb—1831)	Camel (Noir — 1822)	Whalebone p. Waxy — Penelope p. Trumpator — Prunella p. High-flyer (Herod) —Promise p. Snap — Julia p. Blank— m.de Spectator. Fille de Selim —Maiden p. Sir Peter— f. de Phenomenon — Matron p. Florizel — Maiden p. Matchem —f. de Squirt— f. de Mogul, etc.
				Banter (Bbr. — 1828)	Master Henry p. Orville — Miss Sophia p. Stamford — Sophia p. Buzzard — Huncamunca p. Highflyer (Herod)—Cypher p. Squirrel. Boadicea p. Alexander (Eclipse et Grecian Princess) — Brunette p. Amaranthus —Mayfly p. Matchem —f. d'Ancaster Starling, etc.
			Beeswing (B —1833)	Dr. Syntax (Bbr. — 1811)	Paynator p. Trumpator —f. de Marc Antony —Signora p. Snap—Miss Windsor p. The Godolphin—s. de Volunteer p. Young Belgrade.etc. Fille de Beningbro' (King Fergus et f. d'Herod) —· Jenny Mole p. Car-buncle (Babraham p. The Godolphin)— f.de Prince T.Quassa p.Snip.
				Fille de (Alez.—1817)	Ardrossan p. John Bull (Fortitude et Xantippe p.Eclipse) —MissWhip p. Volunteer—Wimbledon p. Evergreen— s. de Calash p. Herod, etc. Lady Eliza p. Whitworth (Agonistes et f. de Jupiter) — f. de Spadille — Sylvia p. Y. Marske — Ferret p. fr. de Silvio — f. de Regulus.
		The Slave (Baie—1850).	Melbourne (Bb.—1834)	Humphrey Clinker (Bai—1822)	Comus p. Sorcerer — Houghton Lass p. Sir Peter —Alexina p. King Fergus — Lardella p. Young Marske — f. de Cade, etc. Clinkerina p. Clinker (Sir Peter et Hyale p. Phenomenon) — Pewet p. Tandem—Termagant p. Tantrum (Cripple)—Cantatrice p.Sampson.
				Fille de (Bbr. — 1825)	Cervantes p. Don Quixote (fr. d'Alexander) — Evelina p. Highflyer. (Herod) — Termagant p. Tantrum — Cantatrice p. Sampson (Cade). Fille de Golumpus (Gohanna)—f.de Paynator—s.de Zodiac p.St-George —Abigail p. Woodpecker —Firetail p. Eclipse. etc.
			Volley (B.—1845)	Voltaire (Bbr. — 1826)	Blacklock p. Whitelock — f. de Coriander (Pot8os)— Wild Goose p. Highflyer (Herod)— Co Heiress p. Pot8os—Manilla p. Goldfinder,etc. Fille de Phantom (Walton) — Julia p. Whisky —f. d'Overton (King Fergus et f. d'Herod) — f. de Walnut (Highflyer) — f. de Ruler,etc.
				Martha Lynn (Bbr. — 1837)	Mulatto p. Catton (Golumpus) — Desdemona p. Orville — Fanny p. Sir Peter—f. de Diomed — Desdemona p. Marske—Y. Hag p. Skim. Leda p. Filho da Puta (Haphazard p. Sir Peter et Mrs. Barnet p. Waxy) — Treasure p. Camillus (Hambletonian)— f. de Hyacinthus.
	LAURA (Baie—1860).	Orlando (Bai—1841).	Touchstone (Bb.—1831)	Camel (Noir — 1822)	Whalebone p. Waxy — Penelope p. Trumpator — Prunella p. High-flyer — Promise p. Snap. — Julia p. Blank — m. de Spectator. Fille de Selim —Maiden p. Sir Peter — f. de Phenomenon — Matron p. Florizel — Maiden p. Matchem — f. de Squirt — f. de Mogul, etc.
				Banter (Bbr. — 1826)	Master Henry p. Orville — Miss Sophia p. Stamford — Sophia p. Buzzard — Huncamunca p. Highflyer—Cypher p.Squirrel (Traveller). Boadicea p. Alexander (Eclipse et Grecian Princess) — Brunette p. Amaranthus —Mayfly p. Matchem — f. d'Ancaster Starling, etc.
			Vulture (Al —1833)	Langar (Alez.—1817)	Selim p. Buzzard — f.d'Alexander —f. d'Highflyer — f. d'Alfred (fr. de Conductor) — f. d'Engineer (Sampson) — f.de Y. Greyhound , etc. Fille de Walton — Y. Giantess p. Diomed — Giantess p. Matchem — Molly Long Legs p. Babraham — f. de Foxhunter —f. de Partner.
				Kite (Baie—1821)	Bustard p. Castrel— Miss Hap p. Shuttle—s. d'Haphazard p. Sir Peter —Miss Hervey p. Eclipse —Clio p. Y. Cade, etc. Olympia p. Sir Oliver (Sir Peter et Fanny p. Diomed)— Scotilla p. Anvil (Herod) — Scota p. Eclipse — Harmony p. Herod — Rutilia.
		Torment (Bbr. —1850).	Alarm (B.—1842)	Venison (Bbr. — 1833)	Partisan p. Walton (Sir Peter)—Parasol p Pot8os—Prunella p. High-flyer — Promise p. Snap —Julia p. Blank — m. de Spectator, etc. Fawn p. Smolensko—Jerboa p.Gohanna—Camilla p.Trentham (Sweep-stakes p The Gower Stallion)—Coquette p. The Compton Barb,etc.
				Southdown (Baie—1836)	Defence p. Whalebone — Defiance p. Rubens — Little Folly p. High-land Fling—Harriet p. Volunteer—f. d'Alfred—Magnolia p Marske. Feltona p. X. Y. Z. (Haphazard)—Jauetta p.Beningbro' (King Fergus) —f. de Drone —Contessina p. Young Marske — Tuberose p. Herod.
			Fille de (Bbr. — 1837)	Glencoe (Alez.—1833)	Sultan p. Selim — Bacchante p. Williamsons' Ditto (Sir Peter) — s. de Calomel p. Mercury —f. d'Herod — Folly p. Marske, etc. Trampoline p. Tramp — Web p.Waxy (Pot8os) — Penelope p. Trum-pator — Prunella p. Highflyer —Promise p. Snap — Julia p. Blank.
				Alea (Bbr. — 1828)	Whalebone p. Waxy —Penelope p. Trumpator — Prunella p. High-flyer —Promise p. Snap —Julia p.Blank—m.de Spectator p. Partner. Hazardess p. Haphazard — f. d'Orville — Spinetta p. Trumpator — Peggy p. Herod — f. de Snap — f. de The Gower Stallion, etc.

RÂNES

(APPARTIENT A L'ADMINISTRATION DES HARAS)

Pendant la saison de monte de 1894, Rânes sera en station à Alençon (Orne), où il saillira trente juments de pur sang anglais à raison de cent francs. S'adresser à M. le Directeur du dépôt d'étalons, au Pin (Orne).

RÂNES, par Bruce, est né en 1889, au haras de Menneval, chez le comte Dauger ; il est le quatrième produit de Rigodon, par Kaiser, née en 1880 en Angleterre chez M. J.-T. Mackenzie, et importée en 1883 par M. Robert Cauthorne, qui a donné également Royal avec Zut (ou Bruce) et Regal avec the Condor. Bai, de bonne taille — 1ᵐ 63, — Rânes est admirablement établi, avec des lignes étendues, une bonne direction d'épaules et d'excellents membres. Acheté 12.500 francs par M. Henri Say à la vente des yearlings de Menneval, Rânes faisait ses débuts dans le prix de Deux Ans à Deauville, où il battait de deux longueurs Socrate, Énergique, Amadis II et Arrosage. Malgré les dix livres de surcharge que lui valait cette victoire, il battait de quatre longueurs, dans le Grand Prix de Dieppe, Incitatus II et Énergique. Grand favori dans le Grand Critérium à Longchamps, il y donnait pour la première fois des preuves de son mauvais caractère en cherchant à se dérober à l'entrée de la ligne droite, et en refusant de s'employer ; battu par Rueil et Fra Angelico, il courait encore le prix Éclipse à Maisons-Laffitte, où il ne figurait pas derrière Rueil, Batoum et Chêne-Royal. Il ne devait jamais, du reste, retrouver la forme de ses débuts. Il serait sans intérêt de rappeler les diverses tentatives infructueuses que fit à trois ans Rânes à Longchamps, Maisons-Laffitte, Bruxelles et Deauville ; pendant quelque temps, après ses courses dans le Grand Prix de Bruxelles, où il finissait troisième derrière Allo et Trasègnies, dans le prix Fould, le prix des Acacias et le prix de Seine-et-Marne, où il figurait à l'arrivée, près de Palerme, Arrosage, Trajan et Énergique, on avait pu espérer que son caractère s'amenderait, mais on avait bien été forcé de se rendre à l'évidence. Une tentative sur les obstacles n'ayant pas été plus heureuse, — on l'avait fait courir deux fois sur les haies à Saint-Ouen, — Rânes était définitivement retiré de l'entraînement. A la fin de l'année 1892, l'Administration des Haras l'achetait 35.000 francs et l'attachait au dépôt du Pin, où il a fait, en 1893, sa première saison de monte ; il lui a été donné un certain nombre de juments de demi-sang (prix de saillie pour ces dernières : trente francs). L'influence de Ion, qui domine dans son pedigree et, en particulier, dans l'ascendance de sa mère, doit assurer à sa production une endurance particulière.

PEDIGREE DE RÂNES

						Nom	Pedigree
RÂNES (Bai.—1889).	RIGODON, ex *Republic* (Baie—1880).	BRUCE (Bai.—1879).	See-Saw (Bai.—1865).	Buccaneer (Bbr.—1857)		**Wild Dayrell** (Bbr.— 1852)	Jon p. Cain (Paulowitz et f. de Paynator)—Margaret p. Edmund (Orville) — Medora p. Selim (Buzzard) — f. de Sir Harry, etc. Ellen Middleton p. **Bay Middleton** (Sultan et Cobweb p. Phantom) — Myrrha p. Malek (Blacklock) — Bessy p. Y. Gouty, etc.
				Margary Daw (B.-1856)		Fille de (Alez.— 1841)	Little Red Rover p. Tramp (Dick Andrews et f. de Gohanna) — Miss Syntax p. Paynator (Trumpator) — f. de Beningbro' (King Fergus), etc. Eclat p. Edmund (Orville et Emmeline p. Waxy) — Squib p. Soothsayer (Sorcerer) — Berenice p. Alexander — Brunette p. Amaranthus.
			Stockwell (Al.—1849)			Brocket (Bbr.— 1850)	Melbourne p. **Humphrey Clinker** (Comus) — f. de Cervantes (Don Quixote)— f. de Golumpus (Gohanna) — f. de Paynator (Trumpator). Miss Slick p. Muley Moloch (Muley et Nancy p. Dick Andrews) — f. de Whisker (Waxy) — f. de Sam (Scud) — Morel p. Sorcerer, etc.
						Protection (Baie — 1845)	Defence p. Whalebone (Waxy) — Defiance p. Rubens (Buzzard)—Little Folly p. Highland Fling (Spadille) — Harriet p. Volunteer, etc. Testatrix p. **Touchstone** (Camel et Banter p. Master Henry)—Y. Worry p. Emilius (Orville) — Worry p. Woful (Waxy) — Sal p. Scud, etc.
		Carine (Baie—1866).				The Baron (Alez.— 1842)	**Birdcatcher** p. Sir Hercules (Whalebone) — Guiccioli p. Bob Booty (Chanticleer) — Flight p. Irish Escape — Y. Heroine p. Bagot, etc. Echidna p. **Economist** (Whisker et Floranthe p. Octavian)—Miss Pratt p. Blacklock — Gadabout p. Orville — Minstrel p. Sir Peter, etc.
			Mayonaise (B.—1849)			Pocahontas (Baie — 1837)	Glencoe p. Sultan (Selim) — Trampoline p. Tramp (Dick Andrews) — Web p. Waxy — Penelope p. Trumpator — Prunella p. Highflyer, etc. Marpessa p Muley (Orville et Eleanor p. Whisky) — Clare p. Marmion (Whisky) — Harpalice p. Gohanna — Amazon p. Driver, etc.
						Teddington (Alez.— 1848)	Orlando p. **Touchstone** (Camel) — Vulture p. Langar — Kite p. Bustard (Castrel) — Olympia p. Sir Oliver (Sir Peter) — Scotilla p. Anvil. Miss Twickenham p. Rockingham (**Humphrey Clinker**) — Electress p. Election (Gohanna et Chesnut Skim)—f. de Stamford —Miss Judy.
						Picnic (Baie — 1845)	Glaucus p. Partisan (Walton) — Nanine p. Selim — Bizarre p. Peruvian — Violante p. John Bull — s. de Skyscraper p. Highflyer, etc. Estelle p. Brutandorf (Blacklock) — f. de Juniper (Whisky et Jenny Spinner p. Dragon) — f. de Sorcerer — f. de Virgin p. Scud, etc.
	Kaiser (Bai—1870).	Skirmisher (B.—1854)				Voltigeur (Bbr.— 1847)	Voltaire p. Blacklock (Whitelock et f. de Coriander) — f. de Phantom (Walton et Julia p. Whisky) — f. d'Overton — f. de Walnut, etc. Martha Lynn p. Mulatto (Catton p. Golumpus et Desdemona p. Orville, — Fanny p. Sir Peter — f. de Diomed — Desdemona p. Marske, etc.
						Fille de (Baie — 1843)	Gardham p. Falcon (Bustard p. Castrel) — Muta (s. de Lottery) p. Tramp—Maudane p. Pot8os — Young Camilla p. Woodpecker, etc. Fille de Langar — s. de Busto p. Clinker (Sir Peter et Hyale p. Phenomenon) — Bronze, s. de Rubens, p. Buzzard —f. d'Alexander, etc.
		Regina (B.—1861)				King-Tom (Bai—1851)	Harkaway p. Economist (Whisker et Floranthe p. Octavian) — Fanny Dawson p. Nabocklish (Rugantino)—Miss Tooley p. Teddy The Grinder. Pocahontas p. Glencoe (Sultan et Trampoline p. Tramp)— Marpessa p. Muley (Orville) — Clare p. Marmion — Harpalice p. Gohanna, etc.
						Mammifer (Baie—1846)	Erymus p. Moses (Seymour et f. de Gohanna) — Eliza Leeds p. Comus — Helen p. Hambletonian — Suzan p. Overton — Drowsy p. Drone. Ma Mie p. Jerry (Smolensko et Louisa p. Orville) — Fanchon p. Lapdog — Scuffle p. Partisan — Scratch p. Selim — f. d'Haphazard, etc.
	Faux-Pas (Alezane —1876).	Wild-Oats (B.—1866)				**Wild Dayrell** (Bai—1852)	Ion p. Cain (Paulowitz et f. de Paynator) — Margaret p. Edmund (Orville) — Medora p. Selim (Buzzard)—f. de Sir Harry p. Volunteer. Ellen Middleton p. **Bay Middleton** (Sultan et Cobweb p. Phantom) — Myrrha p. Malek (Blacklock) — Bessy p. Y. Gouty — Grandiflora. etc.
						The Golden Horn (Alez. —1855)	Harkaway p. **Economist** (Whisker et Floranthe p. Octavian)— Fanny Dawson p. Nabocklish (Rugantino)—Miss Tooley p. Teddy The Grinder. Fille de Little Red Rover (Tramp et Miss Syntax p. Paynator)— Eclat p. Edmund (Orville) — Squib p. Soothsayer (Sorcerer), etc.
		Brenda-Troil (Al.—1872)				Saunterer (Noir—1854)	**Birdcatcher** p. Sir Hercules (Whalebone p. Waxy) — Guiccioli p. Bob Booty (Chanticleer) — Flight p. Irish Escape — Y. Heroine, etc. Ennui p. **Bay Middleton** (Sultan) — Blue Devils p. Velocipede (Blacklock)— Care p. Woful (Waxy) — f. de Rubens — Tippity Witchet.
						Minna Troil (Baie — 1866)	**Buccaneer** p. **Wild Dayrell** (Ion et Ellen Middleton p. Bay Middleton) — f. de Little Red Rover— Eclat p. Edmund — Squib p. Soothsayer. Bella Donna p. Launcelot (Camel et Banter p. Master Henry) — Prevention p. Verulam — Morel p. Mulatto —Linda p. Waterloo — Cressida.

SACRAMENTO

(APPARTIENT A L'ADMINISTRATION DES HARAS)

Pendant la saison de monte de 1894, Sacramento sera en station au haras de Nexon (Haute-Vienne), où il saillira trente-cinq juments de pur sang anglais à raison de cinquante francs. S'adresser à M. le Directeur du dépôt d'étalons, à Pompadour (Haute-Vienne).

SACRAMENTO, par Sterling, est né en 1887 au haras de Yardley, près Birmingham, chez M. W. Graham ; il est le huitième produit d'America par Elland, née en Angleterre en 1871 chez M. R. Sutton, qui a donné également Laureate avec Petrarch. Sacramento est un cheval bai-brun, de bonne taille, — 1^{m}64, — fortement établi, rond de partout, avec des lignes un peu bornées. Acheté, à la vente des yearlings de son éleveur 950 guinées (24.940 francs), par M. Douglas Baird, Sacramento fit ses débuts à deux ans, dans un Maiden plate à Ascot, où il n'était pas placé derrière Hidden Treasure. Au Houghton meeting de Newmarket, il gagnait un autre Maiden plate, où il battait, entre autres, Veau-d'Or et Meaux. Il courait ensuite, en portant 46 kilos, un Nursery à Northampton, où il n'était pas placé derrière Rotten Row. D'un entraînement difficile, Sacramento ne paraissait pas en public pendant tout le printemps suivant ; il faisait seulement sa rentrée au Houghton meeting, à Newmarket, dans le Houghton handicap, gagné par Scotch Earl, où il ne figurait pas avec 43 kilos. A Liverpool, il se présentait sans plus de succès dans le Croxteth Cup (1.000^m), puis il prenait la seconde place derrière Ragwort, dans le Duchy plate, où il faisait sa dernière course. Son origine le recommandait au choix de l'Administration des Haras qui l'achetait, en 1891, 22.500 francs et l'attachait au dépôt de Pompadour, dans la circonscription duquel il fait la monte depuis 1892 ; on lui a donné chaque année un certain nombre de juments de demi-sang. (Prix de saillie pour ces dernières : dix francs.)

PEDIGREE DE SACRAMENTO

SACRAMENTO (Bai-Brun—1887). Importé en 1891.

Gén. 1	Gén. 2	Gén. 3	Ancêtre	Généalogie
STERLING (Bai—1868).	Oxford (Alezan—1857).	Birdcatcher (Al.1833).	Sir Hercules (Noir — 1826)	Whalebone p. Waxy (Pot8os et Maria p. Herod) — Penelope p. Trumpator (Conductor) — Prunella p. Highflyer — Promise p. Snap, etc. Peri p. Wanderer (Gohanna et Catherine p. Woodpecker) — Thalestris p. Alexander — Rival p. Sir Peter — Hornet p. Drone — Manilla, etc.
			Guiccioli (Alez. — 1823)	Bob Booty p. Chanticleer (Woodpecker et f. d'Eclipse) — Ierne p. Bagot (Herod) — f. de Gamahoe (Bustard) — Patty p. Tim, etc. Flight p. Irish Escape (Commodore et f. d'Highflyer) — Y. Heroïne p. Bagot. — Heroïne p. Hero (Cade) — s. de Regulus p. Godolphin, etc.
		Honey Pear (B.—1844).	Plenipotentiary (Alez. — 1831)	Emilius p. Orville — Emily p. Stamford (Sir Peter) — f. de Whisky (Saltram) — Gray Dorimant p. Dorimant (Otho) — Dizzy p. Blank, etc. Harriet p. Pericles (Evander et f. de Precipitate) — f. de Selim (Buzzard) — Pipylina p. Sir Peter — Rally p Trumpator — Fancy, etc.
			My Dear (Baie — 1841)	Bay Middleton p. Sultan (Selim et Bacchante p. Williamsons' Ditto) — Cobweb p. Phantom (Walton) — Filagree p. Soothsayer (Sorcerer), etc. Miss Letty p. Priam (Emilius et Cressida p. Whisky) — f. d'Orville — f. de Buzzard — Hornpipe p. Trumpator — Laura p. Herod, etc.
	Whisper (Baie—1857).	Flatcatcher (B.—1845).	Touchstone (Bbr. — 1831)	Camel p. Whalebone — f. de Selim — Maiden p. Sir Peter — f. de Phenomenon (Herod) — Matron p. Florizel — Maiden, etc. Banter p. Master Henry — Boadicea p. Alexander (Eclipse) — Brunette p. Amaranthus (Old England p. the Godolphin) — Mayfly, etc.
			Decoy (Baie — 1830)	Filho da Puta p. Haphazard (Sir Peter et Miss Hervey p. Eclipse) — Mrs. Barnet p. Waxy — f. de Woodpecker — Heinel p. Squirrel, etc. Finesse p. Peruvian (Sir Peter et f. de Boudrow) — Violante p. John Bull (Fortitude) — s. de Skyscraper p. Highflyer, etc.
		Silence (B.—1848).	Melbourne (Bbr. — 1834)	Humphrey Clinker p. Comus (Sorcerer et Houghton Lass) — Clinkerina p. Clinker (Sir Peter) — Pewet p. Tandem (Syphon), etc. Fille de Cervantes (Don Quixote et Evelina) — f. de Golumpus (Gohanna) — f. de Paynator — s. de Zodiac p. St-George — Abigail, etc.
			Secret (Baie—1841)	Hornsea p. Velocipede (Blacklock et f. de Juniper) — f. de Cerberus (Gohanna) — Miss Cranfield p. Sir Peter — f. de Pégasus, etc. Solace p. Longwaist (Whalebone et Nancy p. Dick Andrews) — Dulcemara p. Waxy — Witchery p. Sorcerer — Cobbea p. Skyscraper, etc.
AMERICA (Baie—1871).	Elland (Bai—1862).	Rataplan (Al.—1850).	The Baron (Alez. — 1842)	Birdcatcher p. Sir Hercules (Whalebone et Peri p.Wanderer) — Guiccioli p.Bob Booty — Flight p. Irish Escape — Young Heroïne p. Bagot, etc. Echidna p. Economist (Whisker et Floranthe p. Octavian) — Miss Pratt p. Blacklock (Whitelock) — Gadabout p. Orville, etc.
			Pocahontas (Baie — 1837)	Glencoe p. Sultan (Selim et Bacchante) — Trampoline p. Tramp — Web p. Waxy (Pot8os) — Penelope p. Trumpator, etc. Marpessa p. Muley (Orville et Eleanor) — Clare p. Marmion (Whisky et Young Noisette) — Harpalice p. Gohanna — Amazon p. Driver, etc.
		Ellesmire (B.—1852).	Chanticleer (Gris—1843)	Birdcatcher p. Sir Hercules (Whalebone) — Guiccioli p. Bob Booty (Chanticleer p. Woodpecker) — Flight p. Irish Escape, etc. Whim p. Drone — Kiss p. Waxy Pope — f. de Champion (Pot8os) — Brown Fanny p. Maximin — f. de Highflyer — f. de Matchem (Cade), etc.
			Ellerdale (Bbr. — 1844)	Lanercost p. Liverpool (Tramp et f. de Whisker) — Otis p. Bustard (Buzzard et Gipsy) — f. d'Election (Gohanna), etc. Fille de Tomboy (Jerry et m. de Beeswing p. Ardrossan) — Tesane p. Whisker (Waxy) — Lady of the Tees p. Octavian (Stripling), etc.
	Lady Audley (Bai-Brune—1867).	Wild-Dayrell (Bh.—1852).	Ion (Bai—1835)	Cain p. Paulowitz (Sir Paul et Evelina p. Highflyer) — f. de Paynator (Trumpator) — f. de Delpini (Highflyer) — f. de Y. Marske, etc. Margaret p Edmund (Orville et Emmeline p. Waxy) — Medora p. Selim (Buzzard et f. d'Alexander) — f. de Sir Harry (Sir Peter), etc.
			Ellen Middleton (Bbr. — 1846)	Bay Middleton p. Sultan (Selim et Bacchante p. Williamsons Ditto) — Cobweb p. Phantom — Filagree p. Soothsayer — Web p.Waxy, etc. Myrrha p. Malek (Blacklock et f. de Juniper p. Whisky) — Bessy p. Y. Gouty — Grandiflora p. Sir Harry Dimsdale (Sir Peter), etc.
		Fille de (Al.—1841).	Little Red Rover (Alez.—1827)	Tramp p. Dick Andrews (Joe Andrews et f. d'Highflyer) — f. de Gohanna (Mercury) — Fraxinella p. Trentham, etc. Miss Syntax p. Paynator (Trumpator et fille de Marc Antony) — f. de Beningbro' (King Fergus) — Jenny Mole p. Carbuncle (Babraham), etc.
			Eclat (Bbr.—1830)	Edmund p. Orville — Emmeline p. Waxy (Pot8os) — Sorcery p. Soothsayer(Trumpator) — Cobbea p.Skyscraper — f. de Woodpecker, etc. Squib p. Soothsayer (Sorcerer et Golden Locks p. Delpini) — Berenice p. Alexander — Brunette p. Amaranthus — Mayfly p. Matchem, etc.

SOLEIL

(APPARTIENT A L'ADMINISTRATION DES HARAS)

Pendant la saison de monte de 1894, Soleil sera en station à Dompierre (Allier), où il saillira trente juments de pur sang anglais, à raison de trente francs. S'adresser à M. le Directeur du dépôt d'étalons, à Cluny (Saône-et-Loire).

SOLEIL, par Little (Duc gagnant du prix du Jockey-Club de 1884), est né en 1888, chez M. Nicard ; il est le septième produit de La Lumière, par The Heir et Linne, née en 1871 chez le baron de Schickler, qui a donné également Bougie avec Bruce. Bai, de petite taille, — 1m 56, — Soleil est un très joli cheval, avec un bon dessus, des lignes étendues, le rein bien attaché, mais il est un peu léger dans son avant-main et son entraînement a par suite été très difficile au début. Acheté 10.300 francs en vente publique, par M. de Saint-Alary, à la liquidation de l'écurie de M. Jean Joubert, il courait pour la première fois, à la réunion d'été du Bois de Boulogne de 1891, où il n'était pas placé derrière Prétendant II et Tantale. Second dans le prix de Pontoise et dans le prix de la Chevennière, à Maisons-Laffitte, il gagnait, à Châlon-sur-Saône, les deux prix de série de la Société d'Encouragement, puis enlevait à Deauville, avec une extrême facilité, les prix des Tribunes et de Pont-l'Évêque, où il portait un poids moyen. Battu par Étourneau et Astrologue dans le troisième handicap de la réunion, le prix du Calvados, il n'en partait pas moins favori dans le prix de Saint-Cloud (4.000m), à Longchamps, où il battait sans peine Derling One et Formose ; il gagnait de même le prix de Cheffreville sur Caméléon et Ermak, ce dernier à peine remis de son accident ; mais dans le prix d'Octobre, il devait baisser pavillon devant Floréal, Espion et Gouverneur. A quatre ans, bien qu'il eût perdu une partie de sa forme, Soleil gagnait encore quatre courses dont le prix Jouvence, où il battait Le Glorieux et Livie II ; il avait, en outre, défendu fort honorablement sa chance contre Courlis, dans le prix du Prince de Galles, où il battait Avoir et Châtillon. Moins heureux à cinq ans (1893), il ne remportait qu'une seule victoire sur Sterling et Bellegarde dans le prix Jongleur, à Maisons-Laffitte, et il faisait sa dernière apparition dans le prix de Saint-Cyr, à Longchamps, où il finissait troisième derrière Mimouche et Le Midi. Ses trente-six courses n'en avaient pas moins établi son endurance, et il avait fait preuve d'une très estimable qualité. En novembre 1893, il était acheté 26.000 francs par l'Administration des Haras, et attaché au dépôt de Cluny.

PEDIGREE DE SOLEIL

SOLEIL (Bai—1888).	LITTLE-DUCK (Bai—1881). / LA LUMIERE (Alezane—1871).	Gen. III	Gen. IV	Cheval	Pedigree
SOLEIL (Bai—1888).	LITTLE-DUCK (Bai—1881).	See-Saw (Bai—1865).	Buccaneer (Bbr.—1857)	Wild Dayrell (Bbr.—1852)	Ion p. Cain (Paulowitz et f. de Paynator) — Margaret p. Edmund (Orville) — Medora p. Selim (Buzzard)—f.de Sir Harry (Sir Peter),etc. Ellen Middleton p. Bay Middleton (Sultan et Cobweb p. Phantom) — Myrrha p. Malek (Blacklock) — Bessy p.Y. Gouty — Grandiflora,etc.
				Fille de (Alez.—1841)	Little Red Rover p. Tramp (Dick Andrews et f. de Gohanna) — Miss Syntax p. Paynator — f. de Beningbro' (King Fergus), etc. Eclat p. Edmund (Orville et Emmeline p. Waxy) — Squib p. Soothsayer (Sorcerer) — Berenice p. Alexander — Brunette p. Amaranthus, etc.
			Margery-Daw (B.—1856)	Brocket (Bbr.—1850)	Melbourne p. Humphrey Clinker (Comus) — f. de Cervantes — f. de Golumpus (Gohanna) — f. de Paynator — s. de Zodiac, etc. Miss Slick p. Muley Moloch (Muley et Nancy p. Dick Andrews) — f. de Whisker (Waxy) — f. de Sam (Scud) — Morel p. Sorcerer, etc.
				Protection (Baie—1845)	Defence p. Whalebone (Waxy) — Defiance p. Rubens (Buzzard) — Little Folly p. Highland Fling — Harriet p. Volunteer, etc. Testatrix p. Touchstone (Camel) — Y. Worry p. Emilius (Orville) — Worry p. Woful (Waxy) — Sal, s. de Sam, p. Scud, etc.
		Light-Drum (Alezane—1870)	Rataplan (Al.—1850)	The Baron (Alez.—1842)	Birdcatcher p. Sir Hercules (Whalebone) — Guiccioli p. Bob Booty (Chanticleer) — Flight p. Irish Escape -- Y. Heroine p. Bagot, etc. Echidna p. Economist (Whisker) — Miss Pratt p. Blacklock — Gadabout p. Orville — Minstrel p. Sir Peter — Matron p. Florizel, etc.
				Pocahontas (Baie—1837)	Glencoe p. Sultan (Selim) — Trampoline p. Tramp — Web p. Waxy — Penelope p. Trumpator — Prunella p. Highflyer, etc. Marpessa p. Muley (Orville) — Clare p. Marmion (Whisky) — Harpalice p. Gohanna — Amazon p. Driver, etc.
			Trinket (H.—1864)	Touchwood (Bai—1856)	Touchstone p. Camel (Whalebone) — Banter p.Master Henry (Orville) — Boadicea p. Alexander — Brunette p. Amaranthus, etc. Bonnie Bee p. Galanthus (Langar et Cast Steel p.Whisker) — Beeswing p. Dr. Syntax — f. d'Ardrossan (John Bull), etc.
				Ziska (Bbr.—1860)	Prime Minister p. Melbourne (Humphrey Clinker) — Pantalonade p. Pantaloon — Festival p. Camel — Michaelmas p. Thunderbolt, etc. Plague Royal p. Mildew (Slane et Semiseria p. Voltaire) — Gipsy Queen p. Tombey (Jerry) — Lady Moore Carew p. Tramp, etc.
	LA LUMIERE (Alezane—1871).	The Heir of Linne (Alezan—1853).	Galnor (B.—1838)	Muley Moloch (Bbr.—1830)	Muley p. Orville (Beningbro') — Eleanor p. Whisky (Saltram) — Y. Giantess p. Diomed (Florizel) — Giantess p. Matchem, etc. Nancy p. Dick Andrews (Joe Andrews et f. d'Highflyer) — Spitfire p. Beningbro' — f. de Y. Sir Peter — f. d'Engineer (Sampson), etc.
				Darioletta (Bbr.—1822)	Amadis p. don Quixote (Eclipse) — Fanny p. Sir Peter (Highflyer) — f. de Diomed — Desdemona p. Marske — Y. Hag p. Skim, etc. Selina p. Selim (Buzzard et f. d'Alexander) — f. de Pot8os — Editha p. Herod — Elfrida p. Snap — Miss Belsca p. Regulus, etc.
			Mrs Walker (B.—1844)	Jehreed (Bai—1834)	Sultan p. Selim (Buzzard et f. d'Alexander) — Bacchante p. Williamsons' Ditto (Sir Peter) — s. de Cobweb p. Mercury — f. d'Herod, etc. My Lady p. Comus (Sorcerer) — m. de the Colonel p. Delpini — Tipple. Cyder p. King Fergus — Maria p. Young Marske — Ferret, etc.
				Fille de (Baie— 1837)	Priam ou Zinganee* p. Tramp (Dick Andrews et f. de Gohanna) — Folly p. Young Drone — Regina p. Moorcock — Rally p. Trumpator, etc. Fille d'Orville (Beningbro' et Evelina) — Miss Grimstone p. Weasel (Herod) — f. d'Ancaster — f. de Damascus A., etc.
		Grande Mademoiselle (Alezane—1860).	The Nabob (Bb.—1860)	The Nob (Bai—1838)	Glaucus p. Partisan (Walton et Parasol p. Pot8os)—Nanine p. Selim— Bizarre p. Peruvian — Violante p. John Bull — s. de Skyscraper, etc. Octave p. Emilius (Orville et Emily p. Stamford) — Whizgig p. Rubens (Buzzard) —Penelope p. Trumpator — Prunella p. Highflyer, etc.
				Hester (Bbr.—1832)	Camel p. Whalebone (Waxy et Penelope) — f. de Selim — Maiden p. Sir Peter — f. de Phenomenon — Matron p. Florizel — Maiden, etc. Monimia p. Muley (Orville et Eleanor p. Whisky) — s. de Petworth p. Precipitate — f. de Woodpecker — s. de Juniper p. Snap, etc.
			Farrer (B.—1841)	Bizarre ou Y. Emilius * (Bai—1828)	Emilius p. Orville (Beningbro' et Evelina p. Highflyer) — Emily p. Stamford (Sir Peter) — f.de Whisky (Saltram) — Grey Dorimant, etc. Cobweb p. Phantom (Walton et Julia p.Whisky) — Filagree p. Soothsayer (Sorcerer) — Web p. Waxy — Penelope p. Trumpator, etc.
				Worry (Baie— 1826)	Woful p. Waxy (Pot8os et Maria p. Herod) — Penelope p. Trumpator (Conductor) — Prunella p. Highflyer — Promise p. Snap, etc. Sal, s. de Sam, p. Scud (Beningbro' et Eliza p. Highflyer) — Hyale p. Phenomenon — Rally p. Trumpator — Fanny p. Florizel, etc.

ZAMBO

(APPARTIENT A L'ADMINISTRATION DES HARAS)

Pendant la saison de monte de 1894, Zambo sera en station à Saint-Gervais (Vendée), où il saillira trente-cinq juments de pur sang anglais à raison de soixante francs. S'adresser à M. le Directeur du dépôt d'étalons, à la Roche-sur-Yon (Vendée).

ZAMBO, par King-Lud, est né en 1888 au haras de Cheffreville, chez le comte de Berteux ; il est le quatrième produit d'Optimia, par Plutus, née en 1877 à Cheffreville, qui a donné également Xanthos avec Peter, Yvonne avec Narcisse, Amadis II et Boudoir avec King Lud. Bai-brun, de grande taille, — 1m65, — Zambo est très vigoureusement charpenté, avec le rein bien attaché et une arrière-main très développée ; il manque un peu de longueur dessous. Un poulain de cette importance ne pouvait donner sa mesure à deux ans ; non placé derrière The Minstrel dans la Poule d'Essai des Poulains à Maisons-Laffitte, ni dans le premier Critérium, à Fontainebleau, gagné par Fils-de-l'Oise, il battait assez facilement Houssard et Calchas dans le prix d'Allonville à Vincennes, mais il ne figurait pas, derrière Primerose et Zélandaise, dans le prix de Condé à Chantilly. Il courait enfin le prix de Novembre à Vincennes, où il finissait à une tête de Fanny, battue elle-même de deux longueurs par Ermak. Ce fut sur ce même hippodrome qu'il fit ses débuts à trois ans, dans le prix de Vincennes, où, grâce en partie à la supériorité de sa condition, il prenait la seconde place derrière Guise, précédant de trois longueurs Goguenard II. Dans une seconde rencontre à Maisons-Laffitte, avec Goguenard II dans le prix Monarque (1.400m), il était assez facilement battu ; mais, quinze jours après, sur le même terrain, très détrempé, il est vrai, il prenait une brillante revanche, en le battant à son tour de deux longueurs dans le prix Stuart (2.000m), sur une distance convenant mieux à ses aptitudes. La piste était également lourde à Longchamps, quand il battait facilement Espion et Fanny dans le prix des Cars (2.000m). Révérend, qu'il rencontrait ensuite dans le prix Greffulhe, Chalet et Bérenger, qui lui étaient opposés dans le prix Hédouville, à Chantilly, étaient d'une classe trop élevée pour qu'il pût espérer les battre, mais sa défaite subséquente par Naviculaire, dans le prix Ibos, handicap où il lui rendait sept livres, était d'une irrégularité absolue ainsi qu'en témoignait d'ailleurs, quelques jours après, sa facile victoire dans le prix Castries. Trop chargé avec 56 kilos, dans le prix de Longchamps, gagné par Wœnix (3 a., 45 kil. 1/2), il faisait un walk-over dans le prix de Laigne, à Compiègne, et gagnait ensuite, malgré son top weight, le prix de Bonnières, à Maisons-Laffitte, où, quinze jours plus tard, il engageait avec Yellow, dans le prix de Beauvais (2.800m), une lutte magnifique dont il serait sans doute sorti vainqueur, si, dans les dernières foulées, il n'avait mis le pied dans un trou et ne s'était donné une entorse. Cet accident mettait fin à sa carrière de courses ; il était l'année suivante acheté 25.000 francs par l'Administration des Haras et il faisait en 1893 sa première saison de monte dans la circonscription de la Roche-sur-Yon, où, en dehors des juments de pur sang, on lui donnait quelques poulinières de demi-sang. (Prix de saillie de ces dernières : six francs.)

PEDIGREE DE ZAMBO

Generations ascendantes (colonnes verticales, de gauche à droite) :

ZAMBO (Bai-Brun—1888). — OPTIMIA (Baie—1877). / KING-LUD (Bai—1869). — Duchess of Athol (Alez.—1866). / Plutus (Bai—1863). / Qui-Vive (Baie—1857). / King-Tom (Bai—1851). — Tunstall-Maid (B.—1855) / Blair-Athol (Al.—1861) / Fille de (B.—1853) / Trumpeter (Al.—1856) / Mrs.Ridgway (B.—1849) / Voltigeur (Bb.—1847) / Pocahontas (B.—1837) / Harkaway (Al.—1834).

Economist (Bai—1825)	Whisker p. **Waxy** (Pot8os et Maria p. Herod) — Penelope p. Trumpator (Conductor) — Prunella p. Highflyer (Herod) — Promise, etc. Floranthe p. Octavian (Stripling et f. d'Oberon) — Caprice p. Anvil (Herod) — Madcap p. Eclipse — f. de Blank — f. de Blaze, etc.
Fanny Dawson (Alez.—1823)	Nabooklish p. Rugantino (Commodore et m. de Buffer p. Highflyer)— Butterfly p. Master Bagot (Bagot et Harmonia) — f. de Bagot, etc. Miss Tooley p. Teddy the Grinder (Asparagus et Stargazer p. Highflyer) — Lady Jane, s. d'Hermione, p. Sir Peter — Pauline p. Florizel, etc.
Glencoe (Alez.—1833)	Sultan p.**Selim** (Buzzard et f.d'Alexander) — Bacchante p. Williamsons' Ditto (Sir Peter et Arethusa p. Dungannon) — s. de Calomel, etc. Trampoline p. Tramp (Dick Andrews et f. de Gohanna) — Web p. Waxy — Penelope p. Trumpator — Prunella p. Highflyer, etc.
Marpessa (Baie — 1830)	Muley p. Orville (Beningbro') — Eleanor p. Whisky (Saltram et Calash p. Herod) — Y. Giantess p. Diomed — Giantess p. Matchem, etc. Clare p. Marmion (Whisky et Y. Noisette p. Diomed) — Harpalice p. Gohanna (Mercury et f. d'Herod) — Amazon p. Driver, etc.
Voltaire (Bbr.—1826)	**Blacklock** p. Whitelock (Hambletonian et Rosamond p. Phenomenon) — f. de Coriander (Pot8os) — Wildgoose p. Highflyer, etc. Fille de Phantom (Walton et Julia p.Whisky)—f. d Overton (King Fergus et f. d'Herod) — f. de Walnut — f. de Ruler, etc.
Martha Lynn (Bbr.—1837)	Mulatto p. Catton (Golumpus et Lucy Grey p. Timothy) — Desdemona p. Orville — Fanny p. Sir Peter — f. de Diomed — Desdemona, etc. Leda p. Filho da Puta(Haphazard et Mrs.Barnet p. **Waxy**) — Treasure p. Camillus (Hambletonian et Faith) — f. de Hyacinthus, etc.
Birdcatcher (Alez.—1833)	Sir Hercules p. Whalebone (**Waxy** et Penelope p. Trumpator) — Peri p.Wanderer (Gohanna et Catherine) — Thalestris p. Alexander, etc. Guiccioli p. Bob Booty (Chanticleer et Ierne p.Bagot) — Flight p. Irish Escape — Young Heroine p. Bagot (Herod) — Heroine p. Hero, etc.
Nan Darrell (Baie—1844)	Inheritor p. Lottery (Tramp et Mandane p. Pot8os) — Handmaiden p. Walton — Anticipation p. Beningbro' — Expectation p. Herod, etc. Nell p. **Blacklock** (Whitelock et f. de Coriander) — Madame Vestris p. Comus (Sorcerer) — Lisette p. Hambletonian — Constantine, etc.
Orlando (Bai—1841)	**Touchstone** p. Camel (Whalebone p.**Waxy** et f. de **Selim**) — Banter p. Master Henry (Orville) — Boadicea p. Alexander — Brunette, etc. Vulture p. Langar (**Selim** et f. de Walton) — Kite p. Bustard (Castrel) — Olympia p. Sir Oliver (Sir Peter) — Scotilla p. Anvil — Scota, etc.
Cavatina (Alez.—1845)	Redshank p. Sandbeck (Catton et Orvillina p. Beningbro') — Johanna p.Selim — m. de Comical p. Skyscraper (Highflyer)—f.de Dragon, etc. Oxygen p Emilius (Orville et Emily p. Stamford) — Whizgig p. Rubens (Buzzard)—Penelope p. Trumpator (Conductor) — Prunella, etc.
Planet (Bai—1844)	Bay Middleton p. Sultan (**Selim** et Bacchante p. Williamsons' Ditto.)— Cobweb p. Phantom (Walton) — Filagree p. Soothsayer (Sorcerer),etc. Plenary p. Emilius (Orville et Emily p. Stamford) — Harriet p. Pericles (Evander) — f. de Selim — Pipylina p. Sir Peter — Raily, etc.
Alice Bray (Baie—1848)	Venison p. **Partisan** (Walton et Parasol p. Pot8os) — Fawn p. Smolensko (Sorcerer) — Jerboa p. Gohanna — Camilla p. Trentham, etc. Darkness p. Glencoe (Sultan p.**Selim**)— Fanny p.Whisker (Waxy) —f. de Camillus(Hambletonian)—f.de Precipitate (Mercury et f.d'Herod),etc.
Stockwell (Alez.—1849)	The Baron p. Birdcatcher (Sir Hercules et Guiccioli p. Bob Booty).— Echidna p. Economist (Whisker) — Miss Pratt p. Blacklock, etc. Pocahontas p. Glencoe (Sultan p. **Selim** et Trampoline p. Tramp) — Marpessa p. Muley (Orville) — Clare p. Marmion — Harpalice, etc.
Blink Bonny (Bbr.—1854)	Melbourne p. Humphrey Clinker (Comus et Clinkerina p. Clinker) — f. de Cervantes (don Quixote) — f. de Golumpus — f. de Paynator, etc. Queen Mary p. Gladiator (**Partisan** et Pauline p. Moses) — f. de Plenipotentiary — Myrrha p. Whalebone — Gift p. Y. Gohanna, etc.
Touchstone (Bbr.—1831)	Camel p. Whalebone (**Waxy**) — f. de Selim (Buzzard) — Maiden p. Sir Peter — f. de Phenomenon — Matron p. Florizel — Maiden, etc. Banter p. Master Henry (Orville) — Boadicea p. Alexander (Eclipse)— Brunette p. Amaranthus (Old England) — Mayfly p. Matchem, etc.
Fille de (Bbr. — 1838)	Tomboy p. Jerry (Smolensko et Louisa p. Orville) — m. de Beeswing p. Ardrossan (John Bull) — Lady Eliza p. Whitworth — f.de Spadille, etc. Tesane p. Whisker (**Waxy** et Penelope) — Lady of the Tees p. Octavian (Stripling) — f. de Sancho (don Quixote) — Miss Fury, etc.

ZINGARO

(APPARTIENT A M. LE COMTE DE BERTEUX, A CHEFFREVILLE, CALVADOS)

Pendant la saison de monte de 1894, Zingaro sera en station au haras de Cheffreville, près Lisieux (Calvados), où il saillira un certain nombre de juments étrangères au haras à raison de deux cents francs. S'adresser à M. le comte de Berteux, 3, rue du Cirque, à Paris.

Zingaro, par King-Lud, est né en 1888, au haras de Cheffreville, chez le comte de Berteux ; il est le dixième produit de Dalnamaine, par Thormanby, née en 1871, en Angleterre, chez M. W. S. Crawfurd, qui a donné également Onyx avec d'Estournel, Rinaldo avec Guy Dayrell, Walter Scott et Basket avec King Lud, et Yankee avec Narcisse. Bai, de grande taille, — 1ᵐ66, — Zingaro est un cheval un peu commun, d'une structure très forte, avec une arrière-main très développée, mais des aplombs antérieurs peu réguliers. Il fit ses débuts, encore très vert, dans le prix de Deux Ans, à Deauville, où il battit d'une encolure Séraphine II ; Romp, Mayenne et Primerose étaient au nombre des poulains non placés. La difficulté de son entraînement ne permettait pas de le faire courir de nouveau avant la fin de l'année, et il ne faisait sa rentrée comme three year old, que dans la Poule d'Essai des Poulains, où il finissait quatrième derrière Le Hardy, Mardi-Gras et Bérenger. Il courait ensuite le prix du Jockey-Club, où il venait très bien à l'entrée de la ligne droite, mais il tombait boiteux en faisant son effort et n'était pas placé derrière Ermak, Le Hardy et Le Capricorne. Retiré de l'entraînement, il commençait à faire la monte à Cheffreville en 1892.

PEDIGREE DE ZINGARO

Vertical labels (left margin):
ZINGARO (Bai—1888).
KING LUD (Bai—1869). — DALNAMAINE (Alezane—1871).
Qui-Vive (Baie—1857). — Thormanby (Alezan—1857).
Mayonaise (Baie—1856).
Mrs. Ridgway (B.—1849). — Voltigeur (Bb.—1847). — Windhound (Bb.—1847). — Teddington (Al.—1848). — Picnic (B.—1845).
King-Tom (Bai—1851). — Pocahontas (B.—1837). — Harkaway (Al.—1834). — Alice Hawthorn (B.—1838).

Economist (Bai—1825)	Whisker p. **Waxy** (Pot8os et Maria p. Herod) — Penelope p. Trumpator (Conductor)—Prunella p. Highflyer (Herod)—Promise p. Snap, etc. Floranthe p. Octavian (Stripling et f. d'Oberon) — Caprice p. Anvil (Herod) — Madcap p. Eclipse — f. de Blank — f. de Blaze, etc.
Fanny Dawson (Alez.—1823)	Nabocklish p. Rugantino (Commodore et m. de Buffer p. Highflyer)—Butterfly p. Master Bagot (Bagot et Harmonia) — f. de Bagot, etc. Miss Tooley p. Teddy the Grinder (Asparagus et Stargazer p. Highflyer) — Lady Jane, p. Sir Peter — Pauline p. Florizel, etc.
Glencoe (Alez.—1833)	Sultan p. **Selim** (Buzzard et f. d'Alexander) — Bacchante p. Williamsons' Ditto (Sir Peter et Arethusa p. Dungannon)—s. de Calomel, etc. Trampoline p. **Tramp** (Dick Andrews et f. de Gohanna) — Web p. Waxy—Penelope p. Trumpator—Prunella p. Highflyer—Promise, etc.
Marpessa (Baie—1830)	Muley p. Orville (Beningbro') — Eleanor p. Whisky (Saltram et Calash p. Herod) — Y. Giantess p. Diomed — Giantess p. Matchem, etc. Clare p. Marmion (Whisky et Y. Noisette p, Diomed) — Harpalice p. Gohanna (Mercury et f. d'Herod) — Amazon p. Driver, etc.
Voltaire (Bbr.—1826)	**Blacklock** p. Whitelock (Hambletonian et Rosamond p. Phenomenon) — f. de Coriander (Pot8os)—Wildgoose p. Highflyer—Co-Heiress, etc. Fille de Phantom (Walton et Julia p. Whisky)—f. d'Overton (King Fergus et f. d'Herod) — f. de Walnut — f. de Ruler, etc.
Martha Lynn (Bbr.—1837)	Mulatto p. Catton (Golumpus et Lucy Grey p. Timothy) — Desdemona p. Orville — Fanny p. Sir Peter — f. de Diomed — Desdemona, etc. Leda p. Filho da Puta (Haphazard et Mrs. **Waxy**) — Treasure p. Camillus (Hambletonian et Faith)— f. de Hyacinthus, etc.
Birdcatcher (Alez.—1833)	Sir Hercules p. Whalebone (**Waxy** et Penelope p. Trumpator) — Peri p. Wanderer (Gohanna et Catherine) — Thalestris p. Alexander, etc. Guiccioli p. Bob Booty (Chanticleer et Ierne p. Bagot) — Flight p. Irish Escape — Young Heroine p. Hero, etc.
Nan Darrell (Baie—1844)	Inheritor p. Lottery (**Tramp** et Mandane p. Pot8os) — Handmaiden p. Walton — Anticipation p. Beningbro' — Expectation p. Herod, etc. Nell p. **Blacklock** (Whitelock et f. de Coriander) — Madame Vestris p. Comus (Sorcerer) — Lisette p. Hambletonian — Constantine, etc.
Pantaloon (Alez.—1824)	Castrel p. Buzzard (Woodpecker et Misfortune p. Dux) — f. d'Alexander (Eclipse) — f. d'Highflyer — f. d'Alfred (fr. de Conductor), etc. Idalia p. Peruvian (Sir Peter et f. de Boudrow) — Musidora p. Meteor (Eclipse)—Maid of All Work p. Highflyer—s. de Tandem p. Syphon
Phryne (Bbr.—1840)	**Touchstone** p. Camel (Whalebone)—Banter p. Master Henry — Boadicea p. Alexander — Brunette p. Amaranthus (Old England), etc. Decoy p. Filho da Puta (Haphazard et Mrs. Barnet p. **Waxy**)—Finesse p. Peruvian (Sir Peter) — Violante p. John Bull (Fortitude), etc.
Muley Moloch (Bbr.—1830)	Muley p. Orville (Beningbro' et Evelina p. Highflyer) — Eleanor p. Whisky(Saltram)—Y.Giantess p.Diomed(Florizel et f.de Spectator), etc. Nancy p. Dick Andrews (Joe Andrews et f. d'Highflyer) — Spitfire p. Beningbro' — f. de Y. Sir Peter — f. d'Engineer (Sampson), etc.
Rebecca (Baie—1831)	Lottery p. **Tramp** (Dick Andrews et f. de Gohanna) — Mandane p. Pot8os — Y. Camilla p. Woodpecker — Camilla p. Trentham, etc. Fille de Cervantes (Don Quixote et Evelina p Highflyer) — Anticipation p. Beningbro' — f. d'Expectation (Herod et f. de Skim), etc.
Orlando (Bai—1841)	**Touchstone** p. Camel (Whalebone p.**Waxy**) — Banter p. Master Henry — Boadicea p. Alexander (Eclipse) — Brunette p. Amaranthus, etc. Vulture p. Langar — Kite p. Bustard (Castrel) — Olympia p. Sir Oliver (Sir Peter) — Scotilla p. Anvil — Scota p. Eclipse, etc.
Miss Twickenham (Alez.—1838)	Rockingham p. Humphrey Clinker (Comus et Clinkerina) — Medora p. Swordsman (Buffer p. Prizefighter) — f. de Trumpator, etc. Electress p. Election (Gohanna et Chesnut Skim) — f. de Stamford — Miss Judy p. Alfred — Manilla p. Goldfinder — f. de Old England, etc.
Glaucus (Bai—1830)	Partisan p. Walton (Sir Peter) — Parasol p. Pot8os — Prunella p. Highflyer — Promise p. Snap — Julia p. Blank — m. de Spectator, etc. Nanine p. Selim — Bizarre p. Peruvian (Sir Peter) — Violante p. John Bull — s. de Skyscraper — Highflyer — Everlasting p. Eclipse, etc.
Estelle (Baie—1836)	Brutandorf p. **Blacklock** (Whitelock et f. de Coriander)—Mandane p. Pot8os — Y. Camilla p. Woodpecker — Camilla p. Trentham. Fille de Juniper (Whisky et Jenny Spinner p. Dragon, fr. de Regulus) — f. de Sorcerer — f. de Virgin — f. de Pot8os, etc.

PRIX DE SAILLIE ET STATIONS EN 1894

DES ÉTALONS DÉCRITS DANS LE PREMIER VOLUME (1893)

ÉTALONS	Stations en 1894	Prix de Saillie	Nombre de Juments	S'adresser à
Achille.........	Fercoq (C.-d.-Nord).	»	— »	Saillies réservées par son proprié-taire, le DUC de FELTRE.
Albion..........	Nexon.............	600 fr.	— 10	BARON DE NEXON, château de Nexon (Haute-Vienne).
Alger..........	Castries..........	50 fr.	— 40	Directeur du dépôt d'étalons, à Rodez, (Aveyron).
Aquilin.........	Le Peux..........	15 fr.	— 20	COMTE ÉT. DE BEAUCHAMPS, Le Peux, com. de Salles-en-Toulon (Vienne).
Archiduc.......	Villebon..........	» fr.	— »	Saillies réservées par son propriétaire M. JACQUES LEBAUDY.
Barberousse.....	Tarbes..........	100 fr.	— 40	Directeur du dépôt d'étalons, à Tarbes, (Hautes-Pyrénées).
Bariolet........	Trévières (Calva-dos)............	25 fr.	— 30	Directeur du dépôt d'étalons, à Saint-Lô, (Manche).
Bay Archer......	Tarbes............	100 fr.	— 25	Directeur du dépôt d'étalons, à Tarbes, (Hautes-Pyrénées).
Border Minstrel.	Menneval..........	100 fr.	— 35	Directeur du dépôt d'étalons, Le Pin, (Orne).
Bruce..........	Le Pin...........	100 fr.	— 35	Directeur du dépôt d'étalons, Le Pin, (Orne).
Cambyse........	Barbeville........	»	— »	Saillies réservées par son propriétaire, le COMTE FOY.
Castillon.......	Tarbes	60 fr.	— 45	Directeur du dépôt d'étalons, à Tarbes, (Hautes-Pyrénées).
Châlet..........	Lonray............	1200 fr.	— 10	COMTE LE MAROIS, 119, rue de l'Univer-sité, à Paris.
Chitré..........	Saillagouse (Pyré-nées-Orientales)..	20 fr.	— 25	Directeur du dépôt d'étalons, à Perpi-gnan, (Pyrénées-Orientales).
Clamart........	Le Jardy.........	»	— »	Saillies réservées par son propriétaire, M. Ed. BLANC.
Clover..........	Le Jardy.........	»	— »	Saillies réservées par son propriétaire, M. Ed. BLANC.
Courlis.........	Lastours..........	»	— »	Saillies réservées par son propriétaire, le COMTE DE LASTOURS.
Dauphin........	Tarbes...........	50 fr.	— 50	Directeur du dépôt d'étalons, à Tarbes, (Hautes-Pyrénées).
Ermak.........	Monbel...........	1800 fr [1]	— »	M. LOUIS TOULOUSE, régisseur à Mon-bel, près Estang (Gers).
Escogriffe......	Joyenval..........	2000 fr.[2]	— »	M. CAMILLE BLANC, 56, boulevard Hauss-mann, à Paris.
Faisan.........	Lessard-le-Chêne...	750 fr.	— »	M. JEAN PRAT, 8, place de l'Opéra, à Paris.
Fil-en-Quatre....	Bagnères-de-Bigorre	30 fr.	— 30	Directeur du dépôt d'étalons, à Tarbes, (Hautes-Pyrénées).
Flavio..........	Tarbes............	60 fr.	— »	M. CABANOUS, villa Fould, à Tarbes, (Htes Pyrénées).
Floréal.........	Ludon............	100 fr.	— 35	Directeur du dépôt d'étalons, à Libourne, (Gironde).
Florestan.......	Rabey (Manche)...	1000 fr.	— 7	COMTE JEAN DE GANAY, 54, avenue d'Iéna, à Paris.
Fontainebleau...	Avilly............	100 fr.	— »	DUC DE FELTRE, 59, rue St-Dominique, à Paris.
Fra Diavolo.....	Villechétive.......	2000 fr.	— »	M. J. ARNAUD, 25, rue de Surène, à Paris.
Fricandeau.....	Montfort..........	1000 fr.	— »	M. JOSEPH LALOS, au Haras, Montfort (Sarthe).
Frontin..........	Le Mandinet.......	3000 fr.	— »	M. ALBERT MÉNIER, 15, avenue du Bois-de-Boulogne, à Paris †.

1. — 3000 fr. pour deux juments au même propriétaire.
2. — Remboursés si la jument restait vide.

ÉTALONS	Stations en 1894	Prix de Saillie	Nombre de Juments	S'adresser à
Gamin	Victot	2500 fr. —	» —	M. P. Aumont, 4, avenue de Messine, à Paris.
Gilbert	Agen	5o fr. —	25 —	Directeur du dépôt d'étalons, à Villeneuve-sur-Lot, (Lot-et-Garonne).
Gournay	Sainte-Mère-Eglise (Manche)	5o fr. —	4o —	Directeur du dépôt d'étalons, St-Lô (Manche).
Grandmaster	Tarbes	5oo fr. —	» —	M. Cabanous, villa Fould, Tarbes, (Hautes-Pyrénées).
Guise	Gelos	5o fr. —	3o —	Directeur du dépôt d'étalons, à Gélos, près Pau (Basses-Pyrénées).
Gulliver	Saint-Georges	1200 fr. —	6 —	Vicomte d'Harcourt, 9, rue de Constantine, à Paris.
Heaume	Meautry	»	» —	Saillies réservées par son propriétaire, le Baron de Rothschild.
Humewood	Le Pin	100 fr. —	35 —	Directeur du dépôt d'étalons, Le Pin, (Orne).
Julius Cæsar	Louray	5oo fr. —	» —	Comte le Marois, 119, rue de l'Université, à Paris.
Jupin	Le Dorat (H.-Vienne)	3o fr. —	5o —	Directeur du dépôt d'étalons, à Pompadour, (Haute-Vienne).
King Lud	Cheffreville	»	» —	Saillies réservées par son propriétaire, le Comte de Berteux.
Krakatoa	Le Merlerault	100 fr. —	35 —	Directeur du dépôt d'étalons, Le Pin, (Orne).
Lavaret	Meautry	5oo fr. —	» —	M. Albert Balchin, stud-groom, à Meautry, p. Touques (Calvados).
Le Destrier	Bécheville	2500 fr.[1] —	6 —	M. Th. Dousdebes, 65, rue d'Anjou, à Paris.
Le Hardy	Joyenval	1000 fr.[2] —	» —	M. Camille Blanc, 56, boulevard Haussmann, à Paris.
Le Sancy	Martinvast	2000 fr. —	10 —	M. Perrex, stud-groom, à Martinvast, (Manche).
Little Duck	Albian	2000 fr. —	» —	Baron de Soubeyran, 49, rue de Monceau, à Paris.
Lord Clive	Villeron	»	» —	Saillies réservées par ses propriétaires les Barons Roger et de Varenne.
Malgache	Saint-James	100 fr. —	» —	M. Petit Le Roy, 88, avenue des Champs-Elysées, à Paris.
Manoel	Albian	1000 fr. —	» —	Baron de Soubeyran, 49, rue de Monceau, à Paris.
Maxico	Suresnes (Has de)	5oo fr. —	20 —	M. Henri Hawes, 26, rue François Ier, à Paris.
Monarque	Victot	3000 fr. —	10 —	M. P. Aumont, 4, avenue de Messine, à Paris.
Mourle	Colombelles	100 fr. —	35 —	Directeur du dépôt d'étalons, Le Pin, (Orne).
Narcisse	Villebon	1500 fr. —	16 —	Comte de Songeons, à Compiègne, ou à M. Forget, stud-groom, à Villebon, par Palaiseau (Seine-et-Oise).
Nougat	Le Gazon (Orne)	800 fr. —	» —	M. Maurice Ephrussi, 19, avenue du Bois-de-Boulogne, à Paris.
Oviédo	Le Lion d'Angers	20 fr. —	5o —	Directeur du dépôt d'étalons, à Angers, (Maine-et-Loire).
Patriarche	Montgeroult	100 fr. —	20 —	Baron de Bray, ch. de Montgeroult, p. Boissy-l'Aillerie (Seine-et-Oise).
Pellegrino	Champagné-St-Hilre	5oo fr. —	10 —	M. Edmond Hastron, à Couhé-Vérac, (Vienne).
Peregrine	Tarbes	6o fr. —	4o —	Directeur du dépôt d'étalons, à Tarbes, (Hautes-Pyrénées).
Perplexe	Martinvast	»	» —	Saillies réservées par son propriétaire, le Baron de Schickler.
Pourtant	Dangu	2000 fr. —	» —	M. Michel Ephrussi 203, boulevard Saint-Germain, à Paris.
Pré-Catelan	Le Mans	20 fr. —	45 —	Directeur du dépôt d'étalons à Angers, (Maine-et-Loire.)
Prologue	Maysel	5oo fr. —	» —	Marquis Maison, 152, b. Haussmann, à Paris, ou M. Th. Carter, Daisy cottage, à Chantilly.
Puchero	Pépinvast	800 fr.[3] —	» —	M. Mauger, régisseur à Pépinvast, par Anneville (Manche).

1. — 6000 fr. pour trois juments au même propriétaire.
2. — Remboursés si la jument restait vide.
3 — Gratuitement quatre juments ayant gagné 10.000 fr. ou produit un gagnant de 10.000 fr.

ÉTALONS	Stations en 1894	Prix de Saillie	Nombre de Juments	S'adresser à
Pythagores......	Ricquebourg (Oise).	1000 fr. —	10 —	M. H. Ridgway, 1, avenue Marceau, à Paris.
Reluisant......	Montfort..........	1500 fr. —	16 —	M. George Lalos, au Haras, Montfort, (Sarthe).
Révérend.......	La Celle-St-Cloud..	» —	» —	Saillies réservées par son propriétaire, M. Ed. Blanc.
Richelieu........	Dangu..........	3000 fr. —	» —	M. Michel Ephrussi, 203, boulevard Saint-Germain, à Paris.
Rueil..........	Pouzac..........	gr. av. droit d'option.		M. Ed. Blanc, à la Celle-Saint-Cloud, (Seine-et-Oise).
Sansonnet.......	Pépinvast.........	800 fr. —	» —	M. Mauger, régisseur à Pépinvast, par Anneville, (Manche).
San Stefano.....	Gelos............	50 fr. —	40 —	Directeur du dépôt d'étalons à Gelos, (Basses-Pyrénées).
Saxifrage.......	Victot............	2500 fr. —	10 —	M. P. Aumont, 4, avenue de Messine, à Paris.
Silver..........	Saldi-Choury......	400 fr. —	12 —	M. Lorry, à Saldi-Choury, St-Palais, (Basses-Pyrénées).
Sorrento........	Montgeroult.......	100 fr. —	» —	Baron de Bray, ch. de Montgeroult, p. Boissery-l'Aillerie, (Seine-et-Oise).
Stracchino......	Beauregard........	500 fr. —	» —	M. Le Pargneux, 4, rue d'Anjou, à Paris.
Stuart..........	Joyenval..........	5000 fr.[1] —	» —	M. Camille Blanc, 56, boulevard Haussmann, à Paris,
Sycomore.......	Tarbes............	60 fr. —	40 —	Directeur du dépôt d'étalons, à Tarbes, (Hautes-Pyrénées).
The Bard........	Lormoy..........	4000 fr. —	» —	M. Sarazy, comptable, à Lormoy, p. St-Michel-sur-Orge (Seine-et-Oise).
The Condor.....	Sées.	50 fr. —	40 —	Directeur du dépôt d'étalons, Le Pin, (Orne).
Upas..........	Cheffreville........	1000 fr. —	» —	M. le Comte de Berteux, 3, rue du Cirque, à Paris.
Vigilant........	Bois-Roussel.......	1000 fr. —	10 —	M. Henri Delamarre, 52, boulevard Haussmann, à Paris.
Vignemale.......	Tarbes............	100 fr. —	40 —	Directeur du dépôt d'étalons, à Tarbes, (Hautes-Pyrénées).
War-Dance......	Le Gazon..........	1200 fr. —	» —	M. Maurice Ephrussi, 19, avenue du Bois-de-Boulogne, à Paris.
Xaintrailles.....	Le Buff, pr. Alençon.	» —	» —	Saillies réservées par son propriétaire, M. Robert Lebaudy.
Yellow..........	Bois-Rouaud......	1000 fr. —	10 —	Comte de Juigné, 91, rue de l'Université, à Paris.
Zut............	Le Pin............	100 fr. —	35 —	Directeur du dépôt d'étalons, Le Pin (Orne).

1. — Remboursés, si la jument restait vide.

ÉTALONS FAISANT LA MONTE

EN FRANCE EN 1894

NON DÉCRITS DANS LES TOMES I ET II

—

	Stations en 1894.	S'adresser à	Prix de Saillie.
Adamis (Al., 1885).......... p. *Frontin* et *Andrella* ...	Camiran, p. la Réole	Baron de Lamothe, à Camiran..... (Gironde).	gratuit
Alhambra (Bai, 1879)....... p. *Consul* et *the Abbess.*	Allonville, p. Amiens.	Vte de Rainneville, à Allonville..... près Amiens (Somme).	» »
Arrosage (Al. 1889)........ p. *Xaintrailles* et *Verdoyante.*	Auch..............	M. G. Descat, à Auch (Gers).......	600 fr.
Artois (Bai, 1883)........... p. *Saxifrage* et *Cerès.*	Gimont (Gers)......	Directeur du dépôt d'étalons, à Tarbes (Hautes-Pyrénées).	30 fr.
Balzan (Bai, 1883)......... p. *Balagny* ou *Wellingtonia* et *Queen of the Valley.*	Epone.............	Marquis Maison, 152, boul. Hauss-mann à Paris, ou M. Th. Carter, Daisy Cottage à Chantilly.	100 fr.
Baudres (Bai, 1880)......... p. *Robert-Houdin* et *Brévïande*	Langé...........	Baron Finot, 10, place de la Concorde à Paris.	» »
Beaurepaire (Bai, 1874).... p. *Mortemer* et *Beauty.*	Luçon............	Directeur du dépôt d'étalons à La Roche-sur-Yon (Vendée).	60 fr.
Begonia (Bai, 1885)........ p. *Plutus* et *Belle-Étoile.*	Moulins-la-Marche..	M. P. Desclos, à Moulins-la-Marche (Orne).	» »
Boïador (Bai, 1874)........ p. *Vermout* et *La Bossue*	Epone.............	Marquis Maison, 152, boul. Hauss-mann à Paris, ou M. Th. Carter, Daisy Cottage, à Chantilly.	» »
Boissy (Bai, 1883).......... p. *Verdun* et *Belle-Étoile.*	Pont-l'Evêque.......	Directeur du dépôt d'étalons, le Pin (Orne).	50 fr.
Brutus (Bai, 1879).......... p. *Vertugadin* et *Basquine.*	Goustranville.......	M. Lemonnier, à Goustranville, par Dozulé (Calvados).	» »
Caïd (Alezan, 1888)....,... p. *Saxifrage* et *Eva.*	Joyenval...........	M. Camille Blanc, 56, bd. Haussmann à Paris.	100 fr.
Carafou (Bai, 1885)........ p. *Tabac* et *Collerette.*	Saint-Nicolas p. Senlis	M. G. Milton, à Chantilly (Oise)....	250 »
Carrousel (Alezan, 1888)... p. *Escogriffe* et *Clémentine.*	St Nicolas p. Senlis.	M. Adolphe Abeille, 27, faubourg St-Honoré, à Paris.............	» »
Chant-du-Cygne (Bb., 1870). p. *Don Carlos* et *Ronzi.*	Lectoure (Gers).....	Directeur du dépôt d'étalons, à Tarbes (Hautes-Pyrénées).	30 fr.
Charvet (Bai, 1884)........ p. *Balagny* et *Chemise.*	St-Nicolas, p. Senlis.	M. Ad. Abeille, 27, faubourg St-Honoré, à Paris.............	» »
Clairon (Bai, 1888)........ p. *Wellingtonia* et *Aïda.*	La Chapelle-s.-Orne.	Vte de Chenelette, à la Chapelle-sur-Orne (Orne).	100 fr.
Claymore (Bai, 1884)....... p. *Camballo* et *Setapore.*	Le Mandinet.......	M. Albert Menier, 15, avenue du Bois-de-Boulogne, à Paris.	» »
Clément (Alezan, 1888)...... p. *Vigilant* et *Clélie.*	Tarbes.............	Directeur du dépôt d'étalons, à Tarbes (Hautes-Pyrénées).	50 fr.
Cléodore (Bai-brun, 1886).... p. *Stracchino* et *Clotho.*	Mirepoix (Ariège)..	Directeur du dépôt d'étalons, à Tarbes (Hautes-Pyrénées).	5 fr.
Compagnon II (Alezan, 1880). p. *Energy* et *Coronation.*	Pouzac (H.-Pyrénées)	M. Edmond Blanc, à la Celle-Saint-Cloud (Seine-et-Oise).	gratuit
Don Fulano (Alezan, 1878)... p. *King Alfonso* et *Canary Bird*	Combiers (Charente).	Directeur du dépôt d'étalons, à Saintes (Charente-Inférieure).	10 fr.
Donny Carney (Bai, 1880)... p. *Solon* et *Lady Rockley.*	St-Just-en-Chevalet.	Baronne de Rochetaillée, à St-Just-en-Chevalet (Loire).	» »
Dourak (Alezan, 1887)....... p. *Vict.-Emanuel* et *Dulce-Domum.*	Dangu.............	M. Michel Ephrussi, 203, boul. St-Germain, à Paris.	» »
Etéocle (Bai, 1883).......... p. *Bay Archer* et *Etoile du Matin*	Estang (Gers).....	Directeur du dépôt d'étalons, à Tar-bes (Hautes-Pyrénées).	6 fr.
Etoilé (Al., 1887)........... p. *Vignemale* et *Etoile-du-Matin.*	Tarbes............	M. Caraxous, haras Fould, à Tarbes (Hautes-Pyrénées).	100 fr.
Fair-Head (Gris, 1889)...... p. *Pepper and Salt* et *FairStar*	Chambly (Oise). ...	M. Condier, haras de Chambly, p. Chambly (Oise).	600 fr.
Forest-Dancer (Bai, 1886).... p. *Rosicrucian* et *Kalinka.*	Senlis.............	M. Fasquel, à Senlis (Oise)........	» »
Franc-Tireur (Bai, 1870)..... p. *Tournament* et *Fl. des Bois.*	Castelsarrazain ...	Directeur du dépôt d'étalons à Ville-neuve-sur-Lot.	10 fr.

Stations en 1894.	S'adresser à	Prix de Saillie.

Galway (Noir, 1887)......... Le Buff, pr. Alençon. Saillies réservées par son proprié-
p. *Galliard* et *Westeria*. taire, M. Robert Lebaudy.
Ganymède (Bai-brun, 1880) .. Villeneuve-sur-Lot.. Directeur du dépôt d'étalons, à Ville- 10 fr.
p. *Saxifrage* et *Good Night*. neuve-sur-Lot.
Gisors (Bai, 1882)........... Rostrenen (C.-du-N.) Directeur du dépôt d'étalons, à Lam- 3 fr.
p. *Saxifrage* et *Good Night*. balle (Côtes-du-Nord).
Goguenard II (Bai, 1888).... Le Peux.......... Comte E. de Beauchamp, Le Peux, par 15 fr.
p. *Manoel* et *Gem Royal*. Salles-en-Toulon (Vienne).
Gyp (Bai, 1884)............. Cercy-la-Tour(Nièvre) Directeur du dépôt d'étalons, à Cluny 20 fr.
p. *Bay Archer* et *Desdémone*. (Saône-et-Loire).
Lapin (Alezan, 1882)........ Montbrison........ Directeur du dépôt d'étalons, à Cluny 20 fr.
p. *Salvator* et *Light Drum*. (Saône-et-Loire).
Le Chesnay (Bai, 1889).. ... Pouzac (Htes-Pyr.). M. Edmond Blanc, la Celle-St-Cloud, gratuit
p. *Energy* et *La Noue*. (Seine-et-Oise).
Le Gamin (Bbr., 1876)...... La Chaumière...... M. Labadie, la Chaumière, par Mios » »
p. *Diablotin* et *Harmonie*.. (Gironde).
Le Rieutort (Alezan, 1885).. Savenay........... Directeur du dépôt d'étalons, à La 60 fr.
p. *Bay Archer* et *La Rosière*. Roche-sur-Yon, (Vendée).
Loeffler (Bai, 1885)........ Moulins-la-Marche.. M. P Desclos, à Moulins-la-Marche ·» »
p. *Vestminster* et *Coquette*. (Orne).
Marabout (Bbr., 1889)....... Le Dorat (Hte-Vienne). Saillies réservées par son proprié-
p *Little Duck* et *Moll-Davis*). taire, M. Robert Lebaudy.
Modèle (Alezan, 1886)....... Paray.............. M. Labonne, régisseur à Paray, 100 fr.
p. *Nougat* et *Modest-Martha*. par Chevagne (Allier).
Orchid (Bai, 1880).......... Rambouillet........ Directeur du dépôt d'étalons, le Pin 50 fr.
p *Hampton* et *Lady Lavender* (Orne).
Palais-Royal (Bai, 1880)..... Chantilly.......... M. Chapard, à Chantilly (Oise).. » »
p. *Perplexe* et *King Tom mare*
Parbleu (Bai, 1884)......... Talives, p. Agen..... M. Armand de Sevin, 2, rue Gde- 100 fr.
p *Beauminet* et *Parthénia*.. Horloge, à Agen.
Phlégethon (Bai, 1886)...... Machecoul......... Directeur du dépôt d'étalons, à La 60 fr.
p. *Fontainebleau* et *Isménie*. Roche-sur-Yon (Vendée).
Prophète (Noir, 1886)........ La Boulie.......... Comte de Tracy, 37, rue de la Boetie, 100 fr.
p. *Faisan* et *Prospérité* à Paris.
Pull Together (Bai, 1885)... Le Dorat (Hte-Vienne). Saillies réservées par son proprié-
p. *See Saw* et *Panada*. taire, M. Robert Lebaudy.
Rotten Row............... Garnetot........... M. Hatin, à Garnetot, par St-Sau- 200 fr.
p. *Peter* et *Piccadilly*. veur-le-Vicomte (Manche).
Saint-Cyr (Bai-brun, 1872)... Saillabouze (Pyr.-Or.) Directeur du dépôt d'étalons, à 20 fr.
p. *Dollar* et *Finlande*. Perpignan (Pyrénées-Orientales).
Saint-Damien (Bai, 1889)... Le Perray pr. Ram- M. Gaston Dreyfus, 5, avenue 1200 fr.
p. *St-Simon* et *Distant Shore*. bouillet............ Montaigne, à Paris [1].
Saint-Léon (Alezan, 1885)... Saint-Georges (Allier). Vte d'Harcourt, 9, rue de Constan- 500 fr.
p. *Frontin* et *Fair Lyonèse*. tine, à Paris.
Saint-Luc (Bai, 1884)........ Victot............. M. P. Aumont, 4, avenue de Messine, 100 fr.
p. *Mourle* et *Bariolette*. à Paris.
Saint-Michel (Bai, 1889)..... Lormoy............ M. Sabazy, à Lormoy, p. St-Michel- 1000 fr.
p. *the Bard* et *Saint-Cecilia*. sur-Orge (Seine-et-Oise).
Satory (Alezan, 1880)........ Cesny près Caen..... M. P. Aumont, 4, avenue de Mes- 100 fr.
p. *Trocadéro* et *Reine de Saba* sine, à Paris.
Soliman (Alezan, 1886)...... Langé (Indre)........ Baron Finot, 10, place de la Con- » »
p. *Le Destrier* et *Stockhausen*. corde, à Paris.
Souci (Bai, 1883)............ Beuxes .... M. Thonnard du Temple, à Beuxes 40 fr.
p. *Dollar* et *Saltarelle*. (Vendée).
Strathpeffer (Gris, 1887).... Le Perray, près Ram- M. Chéri R. Halbronn, 49, rue de 100 fr.
p. *Barcaldine* et *Strathcarron* bouillet............ Ponthieu, à Paris.
Sucre d'Orge (Bai, 1888).... Rouen.............. Directeur du dépôt d'étalons, le 30 fr.
p. *Plutus* et *Virginie*. Pin (Orne).
Tantale (Bai, 1886)......... Hyères (Var)........ Directeur du dépôt d'étalons, à 20 fr.
p. *San Stefano* et *Tartane*. Perpignan (Pyrénées-Orientales).
Trajan (Bai, 1889)......... Bécheville.......... M. Th. Dousdebès, 65, rue d'Anjou, 300 fr.
p. *Julius Cæsar* et *Teather*. à Paris.
Transatlantic (Bai, 1878). Le Mandinet........ M. Albert Ménier, 15, avenue » »
p. *Atlantic* et *G. Mademoiselle* du Bois-de-Boulogne, à Paris.
Val (Alezan, 1885).......... Langé.............. Baron Finot, 10, place de la Con- » »
p. *Salteador* et *Virginie*. corde à Paris.
Vanneau Bai, 1884)......... Allonville.......... Vte de Rainneville, à Allonville, » »
p. *Perplexe* et *Ortolan*. près Amiens.
Vernet (Alezan, 1880)....... St-Gaudens (Haute-Gar.) Directeur du dépôt d'étalons, à 8 fr.
p. *Kingrcraft* et *Vérone*. Tarbes (Hautes-Pyrénées).

1.—Importé en janvier 1894; son prix de saillie à Leybourne Grange avait été fixé à 25 guinées pour la saison 1894.

PRINCIPAUX ÉTALONS

FAISANT LA MONTE EN ANGLETERRE EN 1894[1]

Date de la naissance	NOMS DES ÉTALONS	STATIONS EN 1894	Prix de Saillie
1877	Abbot (the) (*Hermit* et *Barchettina*)	Kelmarsh Stud	10 guinées
1880	Adanapaar (*Pero Gomez* ou *Speculum* et *Cutler Oa*)	Lewes	15
1888	Adieu (*Saint-Simon* et *Farewell*)	Tickford Paddocks, Bucks	40
1873	Althotas (*Rosicrucian* et *Florence*)	Heather Stud, Bath	25
1886	Amphion (*Speculum* ou *Rosebery* et *Suicide*)	Bushey Paddocks	150
1886	Autocrat (*Barcaldine* et *Bal Gal*)	Ludwick Stud, Herts	25
1885	Ayrshire (*Hampton* et *Atalanta*)	Heath Stud, Newmarket	»
1875	Beauclerc (*Rosicrucian* et *Bonum Bell*)	Blink Bonny Stud, Malton	50
1871	Ben Battle (*Rataplan* et *Young Alice*)	The Hall, Curragh	30
1880	Bendigo (*Ben Battle* et *Hasty Girl*)	Howbury Hall, Bedford	50
1878	Bend'Or (*Doncaster* et *Rouge Rose*)	Eaton Stud, Chester	200
1887	Blue Green (*Cœruleus* et *Angelica*)	Keele Stud, Newcastle	49 livres
1880	Boulevard (*Uncas* et *Madeline*)	Osbertown House, Kildare	40 guinées
1878	Brag (*Strnan* et *Bounce*)	Leighton, Buzzard	15
1883	Bread-Knife (*Craig Millar* et *Slice*)	Blink Bonny, Sd., Malton	50
1888	Buccaneer (*Privateer* et *Primula*)	Benham House, Reading	50 livres
1875	Castlereagh (*Speculum* et *Lady Trespass*)	Longhton Stud, Irlande	»
1883	Carlton (*Pell Mell* et *Bonny Spec*)	Corby Stud, Kettering	50 guinées
1882	Child of the Mist (*Blair-Athol* et *Miss Belle*)	Cobham Stud, Surrey	25
1876	Chippendale (*Rococo* et *Adversity*)	Weston, près Shifnal	40
1886	Chittabob (*Robert the Devil* et *Jenny Howlet*)	Benham House, Reading	100 livres
1888	Common (*Isonomy* et *Thistle*)	Childwick Stud, St-Albans	—
1882	Grafton (*Kisber* et *Chopette*)	Compton St., Dorset	10 guinées
1877	Cylinder (*See Saw* et *Honeymoon*)	Pixton Hill St., Forest Row	30
1888	Deemster (the) (*Arbitrator* et *Rookery*)	Exeter Farm, Newmarket	24 livres
1879	Despair (*See Saw* et *Peine-de-Cœur*)	Compton, Newbury	40 guinées
1876	Discord (*See Saw* et *Anthem*)	Tickhill, Rotterham	50
1886	Donovan (*Galopin* et *Mowerina*)	Welbeck Abbey, Notts	—
1883	Doubloon (*Sterling* et *Merry Duchess*)	Exning, Newmarket	25
1884	Enterprise (*Sterling* et *Sister to King Alf. p. King Tom*)	Exning, Newmarket	70
1886	Enthusiast (*Sterling* et *Cherry Duchess*)	Stud Paddocks, Newmarket	50
1882	Esterling (*Sterling* et *Apology*)	Moorlands Stud, York	20
1876	Favo (*Favonius* et *Adrastia*)	Burghley Paddocks, Stamford	100
1877	Fernandez (*Sterling* et *Isola Bella*)	Tamworth	100
1875	Fitz James (*Scottish Chief* et *Hawthorn Bloom*)	Theakston Hall, Bedale	50
1872	Fitz Simon (*Saint-Simon* et *Brilliancy*)	Borough Green Hall, Newmarket	50
1884	Florentine (*Petrarch* et *Hawthorndale*)	Benham House, Reading	»
1878	Foxhall (*King Alfonso* et *Jamaica*)	Crafton Stud, Mentmore	30
1885	Friars'Balsam (*Hermit* et *Flower of Dorset*)	Blankney Stud, Lincoln	100
1883	Fullerton (*Touchet* et *Caroline*)	Leybourne Grange, Kent	50
1880	Galliard (*Galopin* et *Mavis*)	Leybourne Grange, Kent	150
1872	Galopin (*Vedette* et *Flying Duchess*)	Blankney Stud, Lincoln	—
1878	Geologist (*Sterling* et *Silvria*)	Rosnaham Stud, Irlande	15
1886	Gold (*Sterling* et *Lucetta*)	Kremlin Paddocks, Newmarket	100
1885	Goldseeker (*Miser* et *Swallow*)	Exeter Farm, Exning	50
1886	Gone Coon (*Galopin* et *Hors-de-Combat*)	Tickhill, Rotherham	10
1887	Gonsalvo (*Fernandèz* et *Chérie*)	Tamworth	50
1885	Grafton (*Galopin* et *Miss Middlewick*)	Mylton Stud, Helperby	50
1878	Hagioscope (*Speculum* et *Sophia*)	Moorlands Stud, York	—
1872	Hampton (*Lord Clifden* et *Lady Langdem*)	Stetchworth Paddocks, Newmarket	150

1. — Les étalons dont les prix de saillie ne sont pas indiqués sont réservés aux juments de leurs propriétaires ou approuvées par eux.

Date de naissance	NOMS DES ÉTALONS	STATIONS EN 1894	Prix de Saillie
1883 —	Hawkstone (*Hermit et Anonyma*)....	Whimple Stud.	50
1885 —	Hazlehatch (*Hermit et Hazledean*)................	Langton Hall, York.........	35
1886 —	Help (*Charibert et Blue Light*).................	Fairfield Stud, York........	20
1880 —	Highland Chief (*Hampton et Corrie*).............	Stetchworth, Newmarket....	30
1885 —	Ingram (*Isonomy et Pirate Queen*)..............	Waltham Cross............	50
1882 —	Isobar (*Isonomy et Remorse*)....................	Stanton Stud, Shifnal......	25
1883 —	Kendal (*Bend'Or et Windermere*)................	Bruntwood Stud, Cheadle, Cheshire........	200
1884 —	Kilwarlin (*Arbitrator et Hasty Girl*).............	Berrington Hall, Leaminster.	100
1882 —	King Monmouth (*King Lud et Miss Somerset*)....	Howbury Hall, Bedford.....	40
1881 —	Lambkin (the) (*Camballo et Mint Sauce*)...........	Fairfield Stud, York.........	25
1884 —	Lourdes (*Sefton et Pilgrimage*)....	Beenham House, Reading....	—
1878 —	Lowland Chief (*Lowlander et Bathilde*).........	Stetchworth, Newmarket....	30
1880 —	Macheath (*Macaroni et Heather Belle*).............	Sefton Stud, Newmarket....	49
1887 —	Martagon (*Bend'Or et Tiger Lily*).................	Southfield Stud, Newmarket.	50
1884 —	Martley (*Doncaster et Lady Margaret*)...........	Finstall, Bromsgrove.......	10
1887 —	Marvel (*Marden et Applause II*)...............	Egerton Stud, Newmarket...	50
1889 —	May Duke (*Muncaster et Maibaum*).............	Bishopstone Stud, Silvenham.	40
1886 —	Melanion (*Hermit et Atalanta*)..............	Danebury, Hants...........	100
1884 —	Merry Hampton (*Hampton et Doll Tearsheet*)....	Moulton Paddocks, Newmarket	100
1883 —	Minting (*Lord Lyon et Mint Sauce*)..........	Fairfield, York............	—
1887 —	Morion (*Barcaldine et Chaplet*).................	Egerton Stud, Newmarket...	100
1882 —	Necromancer (*Touchet et Enchantress*)..........	Borough Green Hall Stud, Newmarket.	50
1886 —	Nunthorpe (*Speculum ou Camballo et Matilda*)	Avory Hill Stud, Eltham.....	50
1883 —	Oberon (*Galopin et Wheel of Fortune*)............	Baumber Park, Horncastle..	49
1888 —	Orion (*Bend'Or et Shotover*)...................	Westerham, Kent..........	50 livres
1888 —	Orvieto (*Bend'Or et Napoli*)...................	South Field, Newmarket. ...	50 guinées
1882 —	Pepper and Salt (*The Rake et Oxford Mixture*)....	Heather Stud, Bath........	—
1888 —	Peter Flower (*Petrarch et Florida*)...............	Lambton Stud.............	24 livres
1874 —	Philammon (*Solon et Satanella*)..................	Stanton Stud, Shifnal.......	30
1880 —	Polemic (*Speculum et Lady Caroline*)...........	Bow, Devon..............	15
1880 —	Prism (*Uncas et Rainbow*)..................	Tickhill, Rotherham........	50
1889 —	Quartus (*Tertius et Chaos*)..................	Waltham Cross............	9
1887 —	Queens'Birthday (*Hagioscope et Matilda*).	Sunningdale Park..........	45
1885 —	Queens'Counsel (*Isonomy et Silk*)...............	Langton Hall, Yorks........	35
1877 —	Retreat (*Hermit et Quick March*)..............	Heather Stud, Bath........	50
1872 —	Rosebery (*Speculum et Lady Like*).............	Fairfield Stud, Yorks........	100
1882 —	Royal Hampton (*Hampton et Princess*)............	Childwick Stud, Saint-Albans.	—
1887 —	Sainfoin (*Springfield et Sanda*)................	Hollist Stud, Midhurst......	50
1889 —	Saint-Angelo (*Clairvaux ou Galopin et Agnela*)...	Burghley Paddocks, Stamford.	50 livres
1882 —	Saint-Honorat (*Hermit et Devotion*)..........	Jewitt, Newmarket.........	—
1887 —	Saint-Serf (*Saint-Simon et Feronia*)............	Heath Stud, Newmarket......	—
1881 —	Saint-Simon (*Galopin et Saint-Angela*)..........	Welbeck Abby, Notts.......	—
1883 —	Saraband (*Muncaster et Highland Fling*)..........	Howbury Hall, Bedford.....	250
1885 —	Satiety (*Isonomy et Wifey*).................	Rabley Stud, Barnet.......	100
1882 —	Selby (*Beauclerc et the Pearl*)..............	Blink Bonny Stud, Malton....	50
1885 —	Sheen (*Hampton et Radiancy*).............	Kremlin Paddoks, Newmarket.	200
1888 —	Simonian (*Saint-Simon et Garonne*)............	Newmarket.	100
1876 —	Sir Bevys (*Favonius et Lady Langden*)...........	Stamford................	25
1889 —	Sir Hugo (*Wisdom et Manœuvre*)................	Shifnal.................	150
1873 —	Springfield (*Saint-Albans et Viridis*).............	Hampton Court...........	200
1887 —	Surefoot (*Wisdom et f. de Galopin*)............	Howbury Hall, Bedford.....	150
1889 —	Suspender (*Muncaster et Garterless*).............	Cheveley Paddocks, Newmarket	50
1875 —	Thurio (*Tibthorpe ou Cremorne et Verona*)......	Lanwades, Newmarket......	25
1884 —	Timothy (*Hermit et Lady Masham*)...............	Cheveley Park, Newmarket..	50
1880 —	Torpedo (*Hermit et Stray Shot*)...............	Fitzroy House, Newmarket...	15
1885 —	Trayles (*Restless et Miss Mabel*).............	Mr. Barrows St., Newmarket.	25
1878 —	Tristan (*Hermit et Thrift*)..................	Sefton Stud, Newmarket.....	250
1885 —	Tyrant (*Beauclerc et Queen of the Meadows*)	Theakston Hall, Bedale......	50
1873 —	Umpire (*Tom King et Acceptance*)..............	Park Paddocks, Newmarket...	10
1875 —	Valour (*Victor et Mount Zion Mare*)...........	Warren Stud, Epsom.......	10
1885 —	Van Diemens'Land (*Robert the Devil et Distant Shore*)	Moulton Paddocks, Newmarket.	25
1884 —	Veracity (*Wisdom et Vanish*)....................	Tilbury Stud, Oxford........	40
1877 —	Zealot (*Hermit et Zelle*).......................	Stanton Stud, Shifnal.......	20

CLASSEMENT PAR GRANDES FAMILLES

DES 110 ÉTALONS DÉCRITS DANS LES TOMES I ET II

1893-1894

FAMILLE DE BEADSMAN.

a. — Lignée de **Pero Gomez**.

Peregrine (*Pero Gomez* et *Adelaide* par *Young Melbourne*).

b. — Lignée de **the Palmer**.

Pellegrino (*the Palmer* et *Lady Audley* par *Macaroni*).

FAMILLE DU BIRDCATCHER

a. — Lignée d'**Oxford**

Descendance de STERLING.

Révérend (*Energy* et *Rêveuse* par *Perplexe*).
Rueil (*Energy* et *Rêveuse* par *Perplexe*).
Sacramento (*Sterling* et *America* par *Elland*).
Silver (*Sterling* et *Lucetta* par *Tibthorpe*).

b. — Lignée de **Rataplan**.

Chesterfield (*Wisdom* et *Bramble* par *See-Saw*).

c. — Lignée de **Stockwell**.

Escogriffe (*Caterer* et *Ella* par *Ely*).
Firmament (*Silvio* et *Astrée* par *Dollar*). — Mort.
Julius Cæsar (*Saint-Albans* et *Julie* par *Orlando*).
Jupin (*Silvio* et *Juliana* par *Julius*).
Krakatoa (*Thunderbolt* et *Little Sister* par *Hermit*).
Sorrento (*Springfield* et *Napoli* par *Macaroni*).

d. — Lignée de **Warlock**.

Border Minstrel (*Tynedale* et *Glee* par *Adventurer*).
— Floréal (*Border Minstrel* et *Fleur-de-Mai* par *Saxifrage*).

FAMILLE DE BLACKLOCK

Lignée de **Voltigeur**.

Aquilin (*Uhlan* et *Attraction* par *Argonaut*).
Gulliver (*Galliard* et *Distant Shore* par *Hermit*).
War Dance (*Galliard* et *War Paint* par *Uncas*).

FAMILLE DU FLYING DUTCHMAN

a. — Lignée de **Dollar**.

Bocage (*Dollar* et *Printanière* par *Chattanooga*). — En Hongrie.
Cambyse (*Androclès* et *Cambyse* par *Plutus*).
Clamart (*Saumur* et *Princess Catherine* par *Prince Charlie*).
Dauphin (*Dollar* et *Schooner* par *Father Thames*).

Fontainebleau (*Dollar* et *Finlande* par *Ion*).
Martin-Pêcheur II (*Dollar* et *Schooner* par *Father Thames*).
Patriarche (*Dollar* et *Partlet* par *Birdcatcher*).
Pré-Catelan (*Greenback* et *Prenez-Garde* par *Flageolet*).
Prologue (*Dollar* et *Planète* par *Gladiateur*).
Sansonnet (*Dollar* et *Ortolan* par *Saunterer*).
— Courlis (*Sansonnet* et *Citronelle* par *Mars*).
Upas (*Dollar* et *Rosemary* par *Skirmisher*).
The Condor (*Dollar* et *Charmille* par *The Nabob*).
Vignemale (*Dollar* et *la Maladetta* par *the Baron*).
— Gil-Pérès (*Vignemale* et *Gipsy* par *Vespasian*).

b. — Lignée de **Dutch Skater**.

Yellow (*Dutch Skater* et *Miss Hannah* par *Favonius*).

Famille d'HARKAWAY.

Lignée de **King Tom**.

Grandmaster (*Kingcraft* et *Queen Bertha* par *Kingston*).
King Lud (*King Tom* et *Qui-Vive* par *Voltigeur*).
— Zambo (*King Lud* et *Optimia* par *Plutus*).
— Zingaro (*King Lud* et *Dalnamaine* par *Thormanby*).
Pythagoras (*Kingcraft* et *Migration* par *Trumpeter*).

Famille d'IDLE BOY.

Lignée de **Pretty Boy**.

Castillon (*Gabier* et *Chimène* par *Monarque*).

Famille de MELBOURNE.

Lignée de **West Australian**.

Mourle (*Ruy Blas* et *Mademoiselle de Couzeix* par *Sylvain*).
Guise (*Mourle* et *Giboulée* par *Suzerain*).
Reluisant (*Badgad* et *Kleptomania* par *Adventurer*).

Famille de MONARQUE.

a. — Lignée de **Consul**.

Albion (*Consul* et *the Abbess* par *Atherstone*).
Archiduc (*Consul* et *the Abbess* par *Atherstone*).
Flavio (*Consul* et *Fille-de-l'Air* par *Faugh a Ballagh*).
Nougat (*Consul* et *Nébuleuse* par *Gladiator*).
— Ermak (*Farfadet* et *Energetic* par *Lord Lyon*).
— Fétiche (*Nougat* et *Fleurines* par *Mortemer*).
Oviédo (*Consul* et *Almanza* par *Dollar*).

b. — Lignée de **don Carlos**.

Barberousse (*Don Carlos* et *Mademoiselle de Saint-Igny* par *Beauvais*).

c. — Lignée de **Monitor II**.

Faisan (*Monitor II* et *Fluke* par *Turnus*).

d. — Lignée de **Trocadéro**.

Bariolet (*Trocadéro* et *Bariolette* par *Orphelin*).
— Malgache (*Bariolet* et *Miss Bowstring* par *Strafford*).
Chitré (*Trocadéro* et *Sée* par *Orphelin*).
Fra Diavolo (*Trocadéro* et *Orpheline* par *Orphelin*).

Narcisse (*Trocadéro* et *Julia Peel* par *Amsterdam*).
— Chêne-Royal (*Narcisse* et *Perplexité* par *Perplexe*).
— Maxico (*Narcisse* et *Mab* par *Strathconan*).
Richelieu (*Trocadéro* et *Reine de Saba* par *Orphelin*).

FAMILLE DE **PANTALOON.**

Lignée de **Thormanby.**

Atlantic (*Thormanby* et *Hurricane* par *Wild Dayrell*). — Mort.
— Fitz Roya (*Atlantic* et *Perplexité* par *Perplexe*).
— Le Sancy (*Atlantic* et *Gem of Gems* par *Strathconan*).

FAMILLE DE **PARTISAN.**

a. — Lignée de **Gladiator.**

Descendance de FITZ GLADIATOR.

San Stefano (*Faublas* et *Dauphine* par *Monarque*).
Saxifrage (*Vertugadin* et *Slapdash* par *Annandale*).
— Alger (*Saxifrage* et *Australie* par *Trocadéro*).
— Mirabeau (*Saxifrage* et *Mariannette* par *Ruy Blas*).
— Monarque (*Saxifrage* et *Destinée* par *Ruy Blas*).
— Pourtant (*Saxifrage* et *la Papillonne* par *Trocadéro*).

Descendance de PARMESAN.

Stracchino (*Parmesan* et *Old Maid* par *Robert de Gorham*).

b. — Lignée de **Glaucus.**

Descendance de VERMOUT.

Florestan (*Vermout* et *Deliane* par *the Flying Dutchman*).
Lavaret (*Boiard* et *Laversine* par *Monarque*).
Perplexe (*Vermout* et *Péripétie* par *Sting*).
— Caballero (*Perplexe* et *fille de Lord Clifden*).
— Fra Angelico (*Perplexe* et *Escarboucle* par *Doncaster*).
— Puchero (*Perplexe* et *Japonica* par *See Saw*).
— Sycomore (*Perplexe* et *Mimosa* par *King Tom*).
Vigilant (*Vermout* et *Virgule* par *Saunterer*).

FAMILLE DE **TOUCHSTONE**

a. — Lignée de **Newminster.**

Descendance d'HERMIT.

Achille (*Tristan* et *Aurore* par *Plutus*).
Gamin (*Hermit* et *Grace* par *the Scottish Chief*).
Heaume (*Hermit* et *Bella* par *Breadalbane*).
Le Hardy (*Saint-Louis* et *Albania* par *Saint-Albans*).

Descendance de LORD CLIFDEN.

Fitz Hampton (*Hampton* et *Lady Binks* par *Adventurer*).
Gilbert (*Lord Clifden* et *fille de Toxophilite*).
— Hors-d'Œuvre (*Gilbert* et *Hortensis* par *Ferragus*).
Lord Clive (*Lord Clifden* et *Plunder* par *Buccaneer*).
Petrarch (*Lord Clifden* et *Laura* par *Orlando*).
— The Bard (*Petrarch* et *Magdelene* par *Syrian*).
— Bérenger (*the Bard* et *Boulade* par *Trocadéro*).

Autre descendance.

Clocher (*Cathedral* et *Convent* par *Voltigeur*). — Mort.

b. — Lignée d'**Orlando**.

Descendance de Marsyas.

Frontin (*George-Frederick* et *Frolicsome* par *Weatherbit*).
— Le Glorieux (*Frontin* et *the Garry* par *Breadalbane*).

Descendance de Plutus.

Fil-en-Quatre (*Plutus* et *Fidélité* par *Monarque*).
Fricandeau (*Plutus* et *la Fromentinière* par *Pretty Boy*).
Gournay (*Plutus* et *Grenade* par *Trocadéro*).

Les fils de Flageolet.

— Châlet (*Beauminet* et *the Frisky Matron* par *Cremorne*).
— Le Destrier (*Flageolet* et *la Dheune* par *Black Eyes*).
— Stuart (*Le Destrier* et *Stockhausen* par *Stockwell*).
— Manoel (*Flageolet* et *Vestale* par *Patricien*).
—   —   Espion (*Manoel* et *Eusebia* par *Trocadéro*).
— Xaintrailles (*Flageolet* et *Deliàne* par *the Flying Dutchman*).
— Zut (*Flageolet* et *Regalia* par *Stockwell*).

c. — Autres descendances.

Bay Archer (*Toxophilite* et *Flurry* par *Young Melbourne*).
Clover (*Wellingtonia* et *Princess Catherine* par *Prince Charlie*).
Humewood (*Londesborough* et *Alabama* par *Buccaneer*).

Famille de WILD DAYRELL

a. — Lignée de **Buccaneer**.

— Bruce (*See Saw* et *Carine* par *Stockwell*).
—   —   Rânes (*Bruce* et *Rigodon* par *Kaiser*).
— Little Duck (*See Saw* et *Light Drum* par *Rataplan*).
—   —   Soleil (*Little Duck* et *La Lumière* par *the Heir of Linne*).

b. — Lignée de **The Rake**.

Pepper and Salt (*the Rake* et *Oxford Mixture* par *Oxford*). — Exporté.

ÉTAT DES JUMENTS ISSUES DES ÉTALONS

DONT LES NOMS SUIVENT

QUI ONT DONNÉ DES PRODUITS DE PUR SANG[1]

PARTISAN, par WALTON et PARASOL
1811 — 1835

	Date de la Naissance		Date de la Naissance		Date de la Naissance
Constance (*Quadrille*).	1835	Miss Clifton (*Isis*)....	1822	Pastime (*Quadrille*)....	1822
Cotillon (*Quadrille*)...	1831	Mona (*Miltonia*)....	1819	Porta (*f. d'Andrew*)...	1833
Cyprian (*Frailty*).....	1833	N. par *f. de Trumpator*	1820	Souffle (*Scrath*).......	1829
Dirce (*Antiope*).......	1830	N. p. *Jessy*...........	1824	Sketch (*Landscape*)...	1832
Francesca (*f. d'Orville*)	1829	N. par *Pomona*......	1834	Sola (*f. de Whalebone*)	1822
Georgina (*f. de Clinker*)	1835	N. par *Vanity*........	1819	Zafra (*Zaïda*).........	1819
Lady Eden (*Miss Chan-*		Nanette (*Nanie*).......	1829	(20)	
trey)...............	1835				

BLACKLOCK, par WHITELOCK et fille de CORIANDER
1814 — 1831

Beatrice (*f. de Smo-*		Mamsell' Ote (*f. de*		Nell (*Madame Vestris*).	1831
lensko)..............	1826	*Whisker*)...........	1832	Nivalis (*Snowball*)....	1824
Bee in a Bonnet (*Ma-*		Miss Bradshaw (*Mem-*		Panthea (*Manuella*)....	1821
niac)...............	1825	*phis*)...............	1830	Redlock (*f. de Chorus*).	1823
Belinda (*Waglail*)....	1825	Miss Pratt (*Gadabout*).	1825	Rosetta (*Delta*).......	1824
Emmelina (*Agatha*)...	1825	Miss Rose (*f. de Juniper*)	1827	The Nun (*f. de Whisker*)	1825
Heather Belle (*Sylph*)..	1826	Mrs. Walker (*Primette*)	1826	Versatility (*Arabella*).	1826
La Danseuse (*Madame*		N. par *f. de Cerberus*.	1824	White Cockade (*f. de*	
Saqui)............	1825	N. par *f. de Cerberus*.	1831	*Cerberus*)..........	1822
Lila (*f. de Catton*)....	1830	N. par *Louisa*........	1831	Zirza (*Rosamond*).....	1822
Lunacy (*Maniac*)......	1824	N. par *Pope Joan*.....	1828	(26)	

MELBOURNE, par HUMPHREY CLINKER et fille de CERVANTES
1834 — 1859

Abbess of St Mary's		Exactitude (*Exact*)....	1846	Marchioness (*Cinizelli*).	1852
(*Billet-Doux*).......	1850	Fair Agnes (*Black*		Marguerite (*Cinizelli*).	1855
Adelaïde (*f. de Bru-*		*Agnes*).............	1851	Matilda (*Caroline*)....	1854
landorf)...........	1851	Fascine (*Escalade*)....	1845	Melbourina (*Burlesque*)	1856
Alicia (*f. de the Pal-*		Fat Lizzie (*f. de the*		Mentmore Lass (*Eme-*	
mer)...............	1846	*Palmer*)...........	1850	*rald*)...............	1850
Bataglia (*Black Bess*)..	1855	First Rate (*Ninny*)....	1847	Mermaid (*Seaweed*)...	1853
Bay Tiffany (*Tiffany*)..	1850	Gadabout (*Gaiety*)...	1850	Meteora (*Cyprian*).....	1851
Blanche of Middlebie		Gay (*Princess Alice*).	1852	Midsummer (*Panniar*).	1851
(*Phryne*)...........	1855	Geelong (*Lobelia*).....	1852	Miss Julia (*Priestess*)..	1855
Blink Bonny (*Queen*		Giraffe (*Molly*).......	1852	Miss Melbourne (*Morgan*	
Mary).............	1854	Go-Ahead (*Mowerina*).	1855	*Rattler mare*)......	1850
Blooming Heather		Honey (*Honey Dew*)..	1856	Mulligrubs (*Blue Devils*)	1851
(*Queen Mary*).......	1852	Jetty Treffs (*Ellen Lo-*		N. par *f. de Langar*..	1851
Botany (*Sweet Pea*)....	1855	*raine*).............	1851	N. par *Lisbeth*.......	1844
Canezou (*Madame Pel-*		Juanita Perez (*Jean-*		N. par *Miss Whip*....	1855
lerine).............	1845	*nette*).............	1851	Nelly (*Suzan*)........	1855
Charity (*Benevolence*).	1850	Lady Alicia (*Testy*)....	1852	Nugget (*Miss Slick*)...	1853
Comedy (*f. de Touchs-*		Lady Melbourne (*Rail-*		Ortez (*Ohio*)..........	1848
tone)...............	1853	*lery*)...............	1852	Pet Lamb (*Louise*)....	1848
Countess of Westmor-		Lady Palmerston (*f. de*		Queen of Beauty (*Birth-*	
land (*Fair Louisa*)..	1854	*Pantaloon*).........	1852	*day*)...............	1854
Crochet (*Stitch*)......	1852	Leila (*Meeanie*).......	1852	Rambling Katie	
Cymba (*Skiff*)........	1845	Little Queen (*f. de Ve-*		(*Phryne*)..........	1852
Determination (*Em-*		*locipede*)...........	1850	Rio (*Flemish Girl*)....	1854
press)..............	1850	Mabella (*Charlotte*)...	1850	Secret (*Mystery*)......	1853
Eleanor Louisa)......	1850	Magic (*Prescription*)..	1851	Silence (*Secret*).......	1848
Emily (*Frances*)......	1848	Maid of Aram (*Selina*).	1844	Sister of Mercy (*Flea*).	1851

1. — Le nom entre parenthèses est celui de la mère de la poulinière.

	Date de la Naissance		Date de la Naissance		Date de la Naissance
Sortie (*Escalade*)....	1851	The Diggers' Daughter (*Forget me Not*)....	1855	Vermicelli (*f. de Whisker*)...............	1845
Stolen Moments (*Lady Elisabeth*).........	1852	The Doe (*Actual*).....	1845	Victoria (*Mowerina*)...	1843
Tapestry (*Stitch*)......	1853	The Lamb (*f. de Voltaire*).............	1843	Violante (*Stitch*)......	1850
Tasmania (*Picaroon mare*).............	1854	The Slave (*Volley*). ...	1852	Violet (*Snowdrop*). ...	1851
The Belle (*La Bellezza*).	1852	Treachery (*Treacherous*)...............	1852	Wild Irish Girl (*Wheel*)	1851
The Bloomer (*Lady Sarah*).............	1850			Whist (*Revoke*).......	1860
				(80)	

ION, par CAIN et MARGARET
1835 — 1858

Adeline (*Little Fairy*).	1851	Iona (*Julia*).........	1850	Miss Goldschmidt (*Jenny Lind*)...........	1849
Blue Bell (*Blanche of Devon*).............	1847	Iona (*Revoke*).........	1845	Miss Ion (*Miss Ann*)...	1843
Calpurnia (*Lycisca*)....	1846	Ione (*Malibran*)... ...	1846	N. par *Rhodycina*.....	1852
Creuse (*Lady Flora*)...	1852	Ionica (*Taurina*).......	1851	Nicotine (*Prussic Acid*)	1850
Gazelle (*Calliope*).....	1849	Ira (*Taffrail*).........	1850	Varsoviana (*f. de Langar*)...............	1852
Iodine (*f. de Sir Hercules*).............	1845	Mademoiselle Marco (*Lady Banytail*)....	1854	(18)	
		Miss Bessy (*Wee bit*)..	1851		

THE BARON, par BIRDCATCHER et ECHIDNA
1842 — 1860

Amulette (*Deception*). .	1852	La Dame (*Sérénade*). ..	1853	Merlette (*Cuckoo*).....	1868
Blanchette (*Nightcap*).	1859	La Maladetta (*Refraction*)...............	1855	Nobility (*Effie Deans*).	1860
Comtesse (*Eusebia*)....	1855			Obligation (*Effie Deans*)	1861
Etoile du Nord (*Maid of Hart*)..........	1861	La Touques (*Tapestry*)	1860	Regina (*Rackety Girl*).	1859
Euryanthe (*Allumette*).	1858	Madame la Baronne (*Rackety Girl*)......	1857	(13)	

NEWMINSTER, par TOUCHSTONE et BEESWING
1848 — 1868

Adelaïde (*Tasmania*)...	1862	Curfew Bell (*Nugget*)..	1865	Jessica (*Albatros*).....	1863
Adulation (*f. de Tomboy*)	1856	Datura (*Snowdrop*)...	1860	Killarney (*Shamrock*) .	1860
Alhambra (*Jung Frau*).	1867	Doeskin (*The Doe*)....	1856	La Calonne (*La Touques*)	1867
Alruna (*f. de the Cure*)	1864	Edith (*Deidamia*)	1857	Lady Alice Hawthorn (*Lady Hawthorn*)...	1859
Amaranth (*Nun Appleton*)...............	1860	Eadith (*Sauntering Sally*).............	1866	Lady Bird (*Black Eyed Suzan*).........	1858
Anemone (*Hepatica*)...	1868	Fair Melrose (*Fair Helen*).............	1862	Lady Dewhurst (*the Dutchmans' Daughter*)..	1866
Ariadne (*Infidelity*)....	1856	Fairminster (*Fairwater*)	1866	Lady Egidia (*Peggy*)...	1862
Aunt Hannah (*Flighty*)	1861	Fair Footstep (*Harriet*)	1863	Lady Florence (*Lady Melbourne*)........	1862
Aunt Sofer (*f. d'Hampton*).............	1865	Fleur des Champs (*Maria*)...............	1862	Lady Hybla (*Marchioness d'Eu*)........	1861
Bannerdale (*Florence Nightingall*)........	1859	Francesca (*Lady Frances*)...............	1860	Ladylike (*Zuleika*)....	1858
Bonny May (*Bonny Bell*)	1868	Forget me Not (*The Deformed*)...........	1867	Lady Temple (*Chamade*)	1868
Borealis (*Blink Bonny*)	1860	Free Kirk (*Annie Laurie*)	1865	Last Rose of Summer (*The English Rose*)..	1865
Busy Bee (*Libusa*).....	1857	Giralda (*f. de the Cure*)	1863	Léonie (*f. d'Hampton*)	1865
Cauldron (*Hecate*).....	1867	Gold Dust (*Nugget*)...	1860	Lovebird (*Psyché*).....	1857
Cellina (*Queen Bee*)....	1864	Gratitude (*Charity*)....	1860	Lucy Bertram (*Annie Laurie*)...........	1867
Cerintha (*Queen Bee*)..	1867	Grecian Bend (*the Dangerous Woman*)....	1869	Maidens' Blush (*Rose of Kent*)...........	1867
Cestus (*Ayacanora*) ...	1867	Hawthorn Blossom (*Lady Hawthorn*)..		Maria (*Deceptive*).....	1859
Chanoinesse (*Seclusion*)	1866	Hand-Maid (*Marion*)...	1862	Matilda (*Bathilde*)....	1866
Chaperon (*Governess*).	1861	Heather Bloom (*Greta*)	1864	Maybloom (*Lady Hawthorn*).	1861
Chillianwallah (*Lady Gough*)...........	1866	Henriette (*Sophia Lawrence*)............	1867	Maydew (*Queen of the May*)............	1864
Clemence (*Eulogy*). ...	1865	Honey (*The Sphynx*)...	1865	May - Flower (*Emma Middleton*)........	1859
Cluster (*Lady Margaret*).............	1860	Inès (*Barcellona*).	1864	May Queen (*The British Queen*)...........	1864
Concordia (*Peace*)....	1861	Inspiration (*Canezou*)..	1865	Minster Bell (*Aspasia*) .	1862
Corbeille (*Trousseau*)..	1866	Irish Church (*Irish Queen*)............	1864		
Corsica (*Pauline*).	1861	Isilia (*Isis*)...........	1861		
Coup de Grâce (*Ellen Tree*).............	1861	Jenny (*Skylark*).......	1866		
Contadina (*Mathilde*)..	1857				
Créole (*The Syriaw*)....	1860				
Crinon (*Margery Daw*).	1868				

	Date de la Naissance		Date de la Naissance		Date de la Naissance
Miracle (*The Deformed*)	1865	No Chance (*f. de Bird-catcher*)	1865	Sea Nymph (*Electra*)	1858
Miss Edie (*Bidy O' Rourke*)	1866	Offering (*Sacrifice*)	1865	Soffinka (*Olga*)	1866
Miss Ida (*Sauntering Sally*)	1868	Panada (*Culotte de Peau*)	1867	Spellweaver (*Shamrock*)	1867
Miss Nellie (*Entremet*)	1866	Pandore (*Caller Ou*)	1867	Spinster (*Eugénie*)	1862
Miss Penhill (*Flighty*)	1859	Papoose (*The Squaw*)	1862	Sunnylocks (*Bess Lyon*)	1864
Miss Winkle (*The Belle*)	1866	Pearlfeather (*Bess Lyon*)	1865	Tell Tale (*Peach*)	1861
Moss Rose (*Error*)	1857	Pinnacle (*Fascine*)	1866	Thalia (*Urania*)	1863
Mrs. Wolfe (*Lady Tatton*)	1866	Potomac (*Tasmanda*)	1863	The Mersey (*Rigolette*)	1859
Mysotis (*Souvenir*)	1865	Princess Beatrice (*El Dorado*)	1864	The Orphan (*Diomedia*)	1866
N. par *f. de Lanercost*	1857	Quarantaine (*Patience*)	1861	The Pearl (*Caller Ou*)	1868
N. par *Maria*	1864	Revival (*Qui Vive*)	1861	The Sphynx (*Madame Stodar*)	1865
Nemesis (*Varsoviana*)	1858	Rosabel (*f. de Jehreed*)	1856	Tinaru (*Timandra*)	1865
Nerio (*Lady Meaulis*)	1857	Rosina (*Olitipa*)	1860	Triumph (*Victrix*)	1868
Nimble (*Queen of the East*)	1861	Satanella (*Flighty*)	1858	Vain Glorious (*f. de Jeremy Diddler*)	1867
		Saxon Beau (*Elfrida*)	1863	Wee Pet (*f. de Jerud*)	1861
				(122)	

STOCKWELL, par The Baron et Pocahontas
1849 — 1870

	Date		Date		Date
Actress (*Himalaya*)	1865	Emily (*Meeance*)	1857	Maybud (*Cyprian*)	1857
Aline (*Jeu d'Esprit*)	1862	Fiancée (*Athol Brose*)	1860	May Queen (*May Bell*)	1857
Anonyma (*Miss Sarah*)	1859	Finesse (*Irish Queen*)	1861	Memento (*Vergiss mein nicht*)	1860
Artésia (*Artless*)	1864	Frailty (*Bribery*)	1858	Minerva (*f. d'Helmann Platoff*)	1859
Assiduity (*Plenty*)	1856	German Wool (*Rhedycina*)	1859	Miss Bell (*Bessie Bell*)	1868
Astonishment (*f. de Dromedary*)	1863	Golden Drop (*Hop-Picker*)	1860	Miss Boswell (*Lady Harriet*)	1859
Baroness (*Escalade*)	1858	Grand Duchess (*Tobolski*)	1865	Miss Grimston (*Miranda*)	1860
Bas-Bleu (*Vexation*)	1858	Gretna (*Terrona*)	1863	Mousey (*Picnic*)	1857
Bathilde (*Babette*)	1858	Grey Stocking (*Heroine*)	1863	Mrs. Careless (*Selina*)	1858
Bathsaida (*Babette*)	1856	Grisette (*Ninette*)	1859	Music (*One Act*)	1866
Bay Duchess (*Brown Duchess*)		Hawthornside (*The Dutchman Daughter*)	1866	Myrus (*Leila*)	1868
Belle Heather (*Harchell*)	1867	Heather Belle (*Tight-Fit*)	1866	N. par *Austrey*	1870
Belle Flower (*Bessie Bell*)	1866	Housemaid (*Scrubbing Bush*)	1865	N. par *Bessie Bell*	1869
Belle of Hooton (*Bessie Bell*)	1871	Isola Bella (*Isoline*)	1868	N. par *Rosalie*	1857
Bérénice (*Braxey*)	1858	Jane Eyre (*Governess*)	1866	N. par *Spring Blossom*	1869
Bertha (*Princess*)	1859	Janet Rawcliffe (*Blondell*)	1865	N. par *Spring Blossom*	1870
Black Stockling (*Black Lily*)	1862	Juliette (*Julie*)	1868	N. par *Summerside*	1867
Boundary (*Bribery*)	1866	Kaprinda (*Adelaïde*)	1861	N. par *Vlie*	1870
Bright Riband (*Beechnut*)	1870	Lady Augusta (*Meeanée*)	1860	Noblesse (*Brown Duchess*)	1868
Caller Ou (*Haricot*)	1858	Lady Blanche (*Clementine*)	1856	Novice (*Nina*)	1866
Campanile (*Florence*)	1860	Lady Chesterfield (*Meeanée*)	1858	Pampa (*Repentance*)	1862
Cantinière (*Cantine*)	1870	La Dauphine (*Braxey*)	1863	Pardalote (*Geelong*)	1858
Cantinière (*Terrone*)	1859	Lady Flora (*Fair Helen*)	1865	Par Excellence (*Non-Pareille*)	1869
Carine (*Mayonaise*)	1866	Lady Florence (*Cross-Stitch*)	1869	Penelope Plotwell (*Slander*)	1863
Celerrima (*Slander*)	1869	Lady Highthorn (*Lady Elisabeth*)	1865	Pintail (*f. de Pyrrhus the First*)	1861
Charade (*Jeu d'Esprit*)	1864	Lady Nyassa (*Margaret of Anjou*)	1866	Poetry (*Leila*)	1866
Chevisaunce (*Paradigm*)	1858	Lady Ripon (*Mary Cristabie*)	1858	Pompadour (*Marchioness*)	1859
Chérie (*Chère Amie*)	1856	Lady Sophia (*Frolic*)	1867	Post Haste (*Hurry Scurry*)	1865
Chic (*Sprightliness*)	1865	La Gama (*The Handsome Doe*)	1862	Posthuma (*Black Lily*)	1871
Clianthus (*Heroine*)	1868	Leonora (*Leila*)	1859	Prairie Hen (*The Wryneck*)	1856
Cognisaunce (*Paradigm*)	1869	Lina (*Selina*)	1864	Preface (*Prelude*)	1864
Contract (*Fandango*)	1862	Lucilla (*Camiola*)	1862	Prologue (*Eglogue*)	1857
Corrie (*Mayonaise*)	1870	Lucy Hylda (*Lady Hylda*)	1869	Queen Esther (*Hepatica*)	1866
Countess (*Marchioness*)	1860	Mlle Cléopâtre (*Ada*)	1863	Reconnaissance (*Sortie*)	1860
Culotte de Peau (*Forget me Not*)	1865	Marinette (*Miss Twickenham*)	1856	Regalia (*The Gem*)	1862
Dame School (*Preceptress*)	1869	Matchless (*Non-Pareille*)	1868	Repulse (*Sortie*)	1863
Devotion (*Alcestis*)	1869			Rosalind (*Selina*)	1857
Doglia (*Ennui*)	1859			Rosary (*Moss Rose*)	1860
Double Shot (*Lady Audrey*)	1855			Sandal (*Lady Evelyn*)	1861
Dried Fruit (*Fravola*)	1869			Sardinia (*Ferrare*)	1861
Duchess of Devonshire (*Countess of Burlington*)	1867			Second Hand (*Gaiety*)	1864

	Date de la Naissance		Date de la Naissance		Date de la Naissance
Slipper (Lady Evelyn).	1867	Styria (f. de Picaroon)	1858	Valetta (Meeanee).....	1862
Sooloo (the Hipped mare).............	1858	Summers' Eve (Summerside)..........	1865	Venice (Desdemona)...	1862
Sophia Lawrence (Mary Aislabie)..........	1860	Sweetbriar (Eglantine)	1858	Vertumna (Garland)..	1852
Spes (Pandora).......	1864	Tails (Blondella).....	1869	Vesta (Garland)......	1857
Starvation (Weather-bound).............	1868	Teaswater (Miss Teasdale).............	1866	Village Maid (Minx)...	1858
Stella (Claribel)......	1861	The Jewel (July)......	1864	Villegiatura (Pergularia)...............	1861
Stockade (Touch and Go)..............	1869	Theobalda (Forget me Not).............	1861	Virginia (The Gem)...	1863
Stockdove (Beatrice)..	1871	The Princess of Wales (The Bloomer).....	1862	Virtue (Patience).....	1865
Stockwater (Fairwater)	1868	The Thane (Terrona)...	1856	Viscountess (Cinizelli).	1858
Stockings (Go-ahead).	1863	Thrift (Braxey).......	1865	Voluptas (Extasy)....	1860
Stockings (Surge)....	1862	Tooi-Tooi (Cypriana)..	1868	Wee Wee (Miss Maria)	1862
Stockhausen (Citron)..	1863	Traviata (Strayaway)..	1865	Wild Myrtle (Tight-Fit)	1870
Stockausen (Ernestine)	1867	Vaga (Mendicant).....	1858	Woodbine (Honeysuckle)...............	1860
				Zette (Babette)	1859
				(158)	

KING-TOM, par HARKAWAY et POCAHONTAS
1851 — 1878

Agnes Sorel (Miss Agnes)..............	1873	Italian Queen (Gondola)	1877	Queen Bee (s. de Fernhill)	1869
Alberta (Princess).....	1863	Janua (Mrs. Hobson)..	1854	Queen Betty (Fernhill).	1867
Anderida (Woodcraft).	1871	Jeu de Mots (Jeu d'Esprit)...............	1861	Queen Katharine (Katrine)...............	1876
Annexation (f. de Slane)	1868	King Cup (Stephanotis)	1875	Queen Margaret (Katherine Logic)......	1872
At Last (Mayonaise)..	1863	Lady Dar (Lady Blanche)..............	1866	Queen Marion (Maid Marian)...........	1874
Belle Agnes (Little Agnes)............	1873	Lady Golightly (Lady Coventry).........	1874	Queen of Cyprus (Cypriana).............	1873
Bergeronette (Athol Brose).............	1864	Lady of the Lake (Incurable)...........	1857	Queen of Naples (Captious).............	1859
Botany Bay (Botany)..	1869	Lady Sophie (Bridle)..	1863	Queen of Spain (Ma Mie)	1859
Breeze (Mentmore Lass)	1863	Linda (Athol Brose)...	1861	Queen of the Roses (Black Rose)........	1870
Coomassie (Mahala)...	1872	Little Jemima (Garnish)	1866	Queen of the Vale (Agnes).............	1858
Corcyra (Cerintha)....	1871	Madame Strauss (Jetty Treffs)............	1866	Queen of Trumps (f. d'Annandale)......	1861
Corisandre (MayBloom)	1868	Mahonia (Blooming Heather)..........	1867	Reaction (Waterwitch)	1865
Cosette (F. de Jerry)..	1861	Maria Theresa (Duchess)	1873	Regina (Mammifer)...	1861
Creslow (Lady).......	1861	Melinda (Moonshine)..	1863	Reginella (Flax)......	1862
Czarina (Mrs. Lincoln).	1871	Midnight (Star Light).	1868	Reine Sauvage (Black Rose).............	1872
Discovery (Mrs. Lincoln)..............	1876	Misadventure (Venus)..	1867	Rustic Queen (Maid of Perth).............	1875
Donna Maria (Ma Mie).	1858	Miss Giraffe (Giraffe)..	1858	St-Angela (Adeline)...	1865
Eleanor de Montford (f. de Picaroon).......	1857	Miss Pigeon (Miss Paddie)...............	1868	Tamarind (Mincemeat).	1867
Empress (Ma Mie)....	1861	Miss Rawthorn (f. de Jerry)..........	1859	Tomato (Mincemeat)...	1861
Eugénie (Princess).....	1862	Miss Rothschild (Prioress)..............	1867	Tomfoolery (Skit)....	1861
Euxine (Varna).......	1870	Mistress Waller (Tight-Fit)...............	1863	Tormentor (Torment)..	1863
Evelina (Agnes).......	1861	Miss Rose (Couleur de Rose)............	1868	Tourmalin (Flash of Lightning).........	1863
Eveline (Imogène).....	1861	Mounni (Moonshine)...	1873	Très-Bonne (Jeu d'Esprit)...............	1860
Everlasting (Eva).....	1865	N. par f. de Bay Middleton.............	1868	Tribute (Duty)........	1874
Furze Chat (Lady Alice)	1862	N. par Mincemeat....	1866	Veracity (Allington)..	1863
Gaiety (Gaylass).....	1864	Nitocris (Datura).....	1874	Verdure (Maybloom)..	1867
Grand Duchess (Princess)..............	1867	Nyanza (Deiopeia)....	1865	War Quenn (Amazon).	1865
Handicraft (Woodcraft)	1872	Premature (Mincemeat)	1867	Watercure (Waterwitch)...............	1864
Hannah (Mentmore Lass)...............	1868	Princess Alice (Princess)	1864		
Helen (Agnes)........	1872	Princess (Mrs. Lincoln)	1872	Wild Flower (Wild Rose).............	1867
Hermione (Mrs. Hobson)	1859	Prunella (Moonshine)..	1862	Zephyr (Mentmore Lass)	1862
Hibernia (Lady Gough)	1867	Queen Anne (La Bonne)	1857	(99)	
Hilarity (Nightingale).	1871	Queen Bee (Clémentine)	1857		
Hippia (Daughter of the Star)..........	1864				
Hippolyta (Daughter of the Star)..........	1861				
Irène (Ira)..........	1858				

OBITUAIRE

DES ÉTALONS LES PLUS CÉLÈBRES

DEPUIS 1738

Principales Courses gagnées	Date de la Naissance		Âge
	1714	Fox, p. Clumsy, au haras de lord Portmore en 1738..	24
	1714	Flying Childers, p. The Darley Arabian, h. du duc de Devonshire, en 1741............................	27
	1718	Partner, p. Jigg, en 1747....................	29
	1724 (?)	The Godolphin Arabian, à Hogmagog, en 1753....	29 (?)
	1734	Cade, p. The Godolphin A., à Eastby Abbey, Yorks., en 1756................................	22
	1740	Babraham, p. The Godolphin A., à Midforth Yorks., en 1760..............................	20
	1758	Herod, p. Tartar, à Newmarket, en 1779.........	29
	1750	Marske, p. Squirt, à Rycot, en 1779............	29
	1748	Matchem, p. Cade, à Bywel, Northumberland, en 1781.	33
	1764	Eclipse, p. Marske, à Cannons, Surrey, en 1789 ...	25
	1767	Conductor, p. Matchem, à Chippenham, en 1790....	23
	1778	Mercury, p. Eclipse, à Petworth, en 1793.........	15
	1774	Highflyer, p. Herod, à Highflyer Hall, en 1793.....	19
	1773	Woodpecker, p. Herod, à Petworth, en 1798......	25
Derby...	1777	Diomed, p. Florizel, en Virginie, Etats-Unis, en 1799.	22
	1773	Pot8os, p. Eclipse, à Hare Park, en 1800..........	27
	1775	King Fergus, p. Eclipse, à Boroughbridge, Yorks., en 1801.................................	26
	1782	Trumpator, p. Conductor, à Newmarket, en 1808..	26
	1782	Alexander, p. Eclipse, en 1811.................	29
Derby...	1784	Sir Peter, p. Highflyer, en 1811...............	27
	1787	Buzzard, p. Woodpecker, au Kentucky, Etats-Unis, en 1811..................................	24
	1791	Beningbro', p. King Fergus, en 1815..........	24
	1790	Gohanna, p. Mercury, à Petworth, en 1815........	25
St-Léger...	1792	Hambletonian, p. King Fergus, en 1818.........	26
Derby...	1790	Waxy, p. Pot8os, à Newmarket, en 1818..........	28
	1796	Sorcerer, p. Trumpator, en 1821...............	25
	1804	Scud, p. Beningbro', abattu en 1825.............	21
	1802	Selim, p. Buzzard, abattu en 1825..............	23
	1799	Walton, p. Sir Peter, en 1825.................	26
St-Léger...	1799	Orville, p. Beningbro', abattu en 1826..........	27
	1809	Ardrossan, par John Bull, à Ferry Hill, en 1827....	18
Derby...	1810	Smolensko, p. Sorcerer, en 1829...............	19
Derby...	1807	Whalebone, p. Waxy (rupture d'un vaisseau pendant une saillie), en 1831........................	24
	1814	Blacklock, p. Whitelock, en 1831..............	17
	1809	Catton, p. Golumpus, à Tickhill, en 1833.........	24
	1822	Humphrey Clinker, p. Comus, en 1834..........	12
	1808	Rainbow, p. Walton, en 1834.................	26
	1811	Partisan, p. Walton, en 1835.................	24
	1810	Tramp, p. Dick Andrews, abattu en 1835.........	25
	1809	Comus, p. Sorcerer, abattu en 1837.............	28
	1811	Dr. Syntax, p. Paynator, abattu à Newmarket, en 1838...............................	27
	1822	Camel, p. Whalebone, à Stockwell, d'épuisement, en 1844................................	22

Principales Courses gagnées	Date de la Naissance		Âge
Derby...	1820	— Emilius, p. Orville, à Easby Abbey, en 1847......	27
	1823	— Mulatto, p. Catton, abattu en 1847........	24
	1826	— Voltaire, p. Blacklock, en 1848............. ...	22
	1823	— Royal Oak, p. Catton, au Pin, en 1849...........	26
	1824	— Pantaloon, p. Castrel, à Causton Lodge, en 1850...	26
	1825	— Velocipede, p. Blacklock, à Corney Hall, Cumberland, en 1850.......................	25
	1841	— The Emperor, p. Defence, au Pin, en 1851........	10
	1833	— Venison, p. Partisan, à Stockbridge, en 1852......	19
Derby...	1831	— Plenipotentiary, p. Emilius, à Denham, en 1854....	23
	1834	— Epirus, p. Langar, au Curragh (d'épuisement), en 1855..............	21
	1826	— Sir Hercules, p. Whalebone, en 1855............	29
	1831	— Glencoe, p. Sultan, en Amérique, en 1856........	25
Derby...	1833	— Bay Middleton, p. Sultan, à Danebury, en 1857....	24
	1833	— Gladiator, p. Partisan, abattu au Pin en 1857......	24
	1835	— Ion, p. Cain, en 1858...................	
	1833	— Slane, p. Royal Oak, à Rawcliff, Yorks., en 1858..	25
	1834	— Melbourne, p. Humphrey Clinker, à Yorks, en 1859.	25
	1834	— Harkaway, p. Economist, à Rossmore Lodge, Curragh, en 1859.................	25
	1838	— The Nob, p. Glaucus, à Cobham, en 1859.........	21
	1833	— Birdcatcher, p. Sir Hercules, à Lark Lodge, Curragh, en 1860................	27
	1842	— The Baron, par Bircatcher, en 1860.............	
	1831	— Touchstone, p. Camel, à Eaton, en 1861.........	30
	1842	— Weatherbit, p. Sheet Anchor, abattu en 1868.....	26
Derby...	1841	— Orlando, p. Touchstone, à Hampton Court, en 1868.	27
2.000 Gs. Derby, St-Léger	1850	— West Australian, p. Melbourne, au Pin, en 1870...	19
	1846	— Tadmor, p. Ion, abattu à Royston, en 1869........	23
	1849	— The Nabob, p. the Nob, en 1870...............	
2.000 Gs. Saint-Léger	1849	— Stockwell, p. the Baron, à Hooton Park, en 1870...	21
Derby St-Léger	1846	— The Flying-Dutchman, p. West Australian, en 1870.	
	1852	— Wild Dayrell, p. Ion (attaque d'apoplexie), en 1870.	18
	1848	— Prime Minister, p. Melbourne, abattu en 1871.....	23
	1855	— Beadsman, p. Weatherbit, en 1872.............	17
Jockey-Club...	1852	— Monarque, p. Sting, à Dangu, en 1873............	21
	1850	— Fitz Gladiator, p. Gladiator, en 1873............	19
Derby St-Léger	1847	— Voltigeur, p. Voltaire, abattu (cuisse cassée) à Aske, en 1874....................	27
	1850	— Rataplan, p. the Baron, abattu en 1874..........	24
St-Léger...	1860	— Lord Clifden, p. Newminster (maladie de cœur), à Denhurst, en 1874.................	14
Derby...	1857	— Thormanby, p. Windhound, en 1875...........	18
P. P. de Paris...	1860	— The Ranger, p. Voltigeur, en 1875.............	15
2.000 Gs. Derby, St-Léger G. P. de Paris	1862	— Gladiateur, p. Monarque, en 1876...............	14
	1855	— Young Melbourne, p. Melbourne, en 1877.........	22
	1857	— Parmesan, p. Sweetmeat, en 1877.............	20
	1851	— King Tom, p. Harkaway, à Mentmore, en 1878....	27
	1855	— Toxophilite, p. Longbowe, au Glasgow Stud, en 1879.	24
	1864	— Trocadéro, p. Monarque, à Victot, en 1881	17
	1863	— Strathconan, p. Newminster, en 1882...........	19
Derby...	1861	— Blair Athol, p. Stockwell (infl. des poumons), en 1882.	21
G. P. de Paris...	1865	— The Earl, p. Young Melbourne, en 1884.	19
	1862	— Vertugadin, p. Fitz Gladiator, en 1884............	22
	1870	— Lowlander, p. Dalesman, en 1885.............	15
	1861	— Scottish Chief, p. Lord of the Isles, en 1886......	25
	1864	— Ruy Blas, p. West Australian, en 1886	22
	1860	— Dollar, p. the Flying Dutchman, en 1886..........	26

Principales Courses gagnées	Date de la Naissance		Age
	1867	— **Kingcraft**, p. King Tom (en mer), en 1886.........	19
	1877	— **The Miser**, p. Hermit, en 1887.............	10
Derby...	1860	— **Macaroni**, p. Sweatmeat, en 1887.......	27
2.000 Gs. ⎰ Derby, St-Léger ⎱	1863	— **Lord Lyon**, p. Stockwell, en 1887...............	24
St-Léger ⎰ G. P. de Paris ⎱	1877	— **Robert the Devil**, p. Bertram, à Beenham, en 1888..	11
	1874	— **Arbitrator**, p. Solon, en 1888..................	14
	1865	— **Speculum**, p. Vedette, en 1888..................	23
	1877	— **Muncaster**, p. Doncaster, en 1888..............	11
	1865	— **See Saw**, p. Buccaneer, en 1888.................	23
	1874	— **Touchet**, p. Lord Lyon, en 1888.................	14
G. P. de Paris...	1861	— **Vermout**, p. the Nabob, à Bois-Roussel, en 1889...	28
	1869	— **Wellingtonia**, p. Chattanooga, en 1889...........	20
	1867	— **Don Carlos**, p. Monarque, en 1889................	22
Derby...	1864	— **Hermit**, p. Newminster, à Blankney, en 1890......	26
	1874	— **Verneuil**, p. Mortemer, à Kisber, en 1890.........	16
	1880	— **Energy**, p. Sterling, à la Celle-Saint-Cloud, en 1890.	10
	1877	— **Mask**, p. Carnival, aux Kremlin Paddocks, en 1890.	13
2.000 Gs. ⎰ G. P. de Paris ⎱	1882	— **Paradox**, p. Sterling, en 1890..................	8
	1864	— **Tibthorpe**, p. Voltigeur, aux Kremlin Paddocks, en 1890..............................	26
Derby...	1874	— **Silvio**, p. Blair Athol, à Saint-Georges, en 1890....	16
	1872	— **Trappist**, p. Hermit, en 1890....................	18
	1869	— **Pell Mell**, p. Young Melbourne, à Marlborough, en 1890	21
	1868	— **Sterling**, p. Oxford, au Yardley Stud, en 1891.....	23
	1875	— **Isonomy**, p. Sterling, au Sefton Stud, en 1891.....	16
	1876	— **Saltéador**, p. Vertugadin, à Saint-Georges, en 1891.	15
	1877	— **Victor-Emanuel**, p. Albert-Victor, à Fitz-James, en 1891..............................	14
	1865	— **Mortemer**, p. Compiègne, aux Etats-Unis, en 1891.	26
	1865	— **Rosicrucian**, p. Beadsman, en 1891..............	26
	1863	— **Plutus**, p. Trumpeter, au haras de Fercoq, en 1891.	28
	1866	— **Dutch Skater**, p. the Flying Dutchman, à Mentmore, en 1892............................	26
	1880	— **Clairvaux**, p. Hermit, à Newmarket, en 1892.....	12
Derby...	1870	— **Doncaster**, p. Stockwell, à Kisber, en 1892........	22
	1880	— **Farfadet**, p. Nougat, à Paray, en 1892..........	12
	1878	— **Barcaldine**, p. Solon, à Newmarket, en 1893.......	15
	1873	— **Wisdom**, p. Blinkhoolie, à Bickerton, en 1893.....	20
Jockey-Club...	1866	— **Consul**, p. Monarque, au haras de Janow (Pologne), en 1893............................	27
2.000 Gs....	1871	— **Atlantic**, p. Thormanby, à Martinvast, en 1893....	22
	1883	— **Firmament**, p. Silvio, à Tarbes, en 1893.........	10
	1875	— **Clocher**, p. Cathedral, à Crocq, en 1893..........	18

ÉTABLISSEMENTS D'ÉLEVAGE DE PUR SANG
EN FRANCE ET A L'ÉTRANGER

FRANCE

Nom des Haras	Propriétaires	Situation
ALBIAN	Baron DE SOUBEYRAN	Jouy-en-Josas (S.-et-O.).
ALLONVILLE	Vte DE RAINNEVILLE	Près Amiens (Somme).
BARBEVILLE	Comte FOY	Près Bayeux.
BÉCHEVILLE	M. TH. DOUSDEBÈS	Les Mureaux (S.-et-Oise).
BEL SITO	M. D. GUESTIER	Gironde.
BOIS-ROUSSEL	MH. DELAMARRE et Cte ROEDERER.	Près Séez (Orne).
BOIS-ROUAUD	Comte G. DE JUIGNÉ	Loire-Inférieure.
BUFF (LE)	M. ROBERT LEBAUDY	Près Alençon (Orne).
CELLE-ST-CLOUD (LA)	M. EDMOND BLANC	Seine-et-Oise.
CHAMANT	M. ALBERT MÉNIER	Près Senlis (Oise).
CHAMPAGNÉ-ST-HILAIRE	M. HASTRON-LAMORLIÈRE	Vienne.
CAPEYRON (DU)	M. DICK DE GERNON	Gironde.
CHEFFREVILLE	Comte DE BERTEUX	Près Lisieux (Calvados).
DANGU	M. MICHEL EPHRUSSI	Près Gisors (Eure).
FERCOQ	Duc DE FELTRE	Près Lamballe (Côtes-du-Nord).
FOULD	M. ACHILLE FOULD	Tarbes (Hautes-Pyrénées).
GAZON (DU)	M. MAURICE EPHRUSSI	Près Montabart (Orne).
HUEZ	Comte P. DE SAINT-PHALLE	Près Nevers.
JARDY	M. EDMOND BLANC	La Celle-Saint-Cloud (S.-et-O.).
JOYENVAL	M. CAMILLE BLANC	Seine-et-Oise.
KERVENO	Vicomte FOY	Finistère.
LA CHAPELLE	Vicomte DE CHÉNELETTE	Près Sées (Orne).
LANGÉ	Baron J. FINOT	Indre.
LASTOURS	Comte de LASTOURS	Près Castres (Tarn).
LESSARD-LE-CHÊNE	M. JEAN PRAT	Calvados.
LORMOY	M. HENRI SAY	Seine-et-Oise.
LONRAY	Comte LE MAROIS	Près Alençon (Orne).
MALIDOR	Comte DE TALHOUET-ROY	Sarthe.
MALLERET	M. P. CLOSSMANN	Gironde.
MANDINET (DU)	M. ALBERT MÉNIER	Seine-et-Marne.
MARTINVAST	Baron DE SCHICKLER	Manche.
MÉAUTRY	Baron DE ROTHSCHILD	Touques (Calvados).
MENNEVAL	Vicomte DAUGER	Eure.
MONBEL	M. DE MONBEL	Près Estang (Gers).
MONTFORT	Comte R. DE NICOLAY	Sarthe.
MONTGEROULT	Baronne DE BRAY	Près Pontoise (Seine-et-Oise).
MOULINS-LA-MARCHE	M. P. DESCLOS	Orne.
NEXON	Baron DE NEXON	Haute-Vienne.
PARAY	Marquis de TRACY	Allier.
PAS (DU)	M. THONNARD DU TEMPLE	Vienne.
PEPINVAST	Comtesse P. LE MAROIS	Manche.
RABEY (LE)	Comte J. DE GANAY	Près Quettehou (Manche).
RÔ (DU)	Gén. DE RIVERA	Saillagouse (Pyr.-Orientales).
SAINTE-EULALIE	Cte DE DAVID-BEAUREGARD	Hyères (Var).
SAINT-GEORGES	Vicomte D'HARCOURT	Allier.
SENAILLY	M. TEISSEIRE	Montbard (Côte-d'Or).

SENLIS..............	M. FASQUEL.............	Oise.
VICTOT..............	M. P. AUMONT..........	Près Mézidon (Calvados).
VILLEBON	M. JACQUES LEBAUDY....	Près Palaiseau (Seine-et-Oise).
VILLECHÉTIVE........	M. J. ARNAUD	Oise.
VILLERON...........	Barons ROGER et de VARENNE	Seine-et-Oise.

ANGLETERRE

BADMINTON..........	DUC DE BEAUFORT.......	Chippenham, Wilts.
BAUMBER PARK.......	M. TAYLOR SHARPE......	Horncastle, Lincolns.
BEENHAM...........	M. WARING	Reading.
BERRINGTON HALL.....	Lord RODNEY...........	Hertford.
BLANKNEY...........	M. H. CHAPLIN	Sleaford, Lincolns.
BLINK BONNY	M. C. PERKINS	Malton Yorks.
BUSHEY PADDOCKS	HARAS ROYAL..........	Hampton Court.
CHEVELEY PARK......	M. MAC CALMONT.......	Près Newmarket.
CHILDWICKBURY......	SIR J. BLUNDELL MAPLE ..	Saint-Albans, Hertford.
COBHAM.............	M. SCHWABE	Surrey.
COMPTON............	M. W. G. STEVENS.	Newbury, Berks.
CORBY	Comte MORKONOWSKI.....	Kettering, Northampton.
CROFT..............	M. WINTERINGHAM......	Darlington, Durham.
EGCHINSWELL HOUSE ..	M. BROBRICK CLOEKE.....	Newbury, Berks.
EASTON PARK........	DUC DE HAMILTON	Wickham Market, Suffolk.
EATON..............	DUC DE WESTMINSTER....	Chester.
ELTHAM.............	Colonel NORTH..........	Surrey.
FAIRFIELD...........	M. R. C. VYNER........	Yorks.
FALMOUTH PADDOCKS...	M. D. BAIRD	Newmarket.
GLASGOW............	M. H. ARNOLD	Enfield, Hertford.
HABLEY.............	M. FOREST TODD........	Hertford.
HEATHER FARM.......	Dr. FREEMAN..........	Bath.
HEATH-HOUSE........	M. BLAKE.............	Maryborough, Irlande.
HIGH LODGE.........	M. WRIGHT...........	Richmond, Easby, Yorks.
HIGH-WYCOMBE......	M. T. ROBINSON........	Buckinghamshire.
KNOCKANY..........	M. GUBBINS	Limerick.
KREMLIN PADDOCKS....	Prince SOLTYKOFF.......	Newmarket.
LANWADES..........	Prince SOLTYKOFF... .,..	Kennet Station, Newmarket.
LEYBOURNE GRANGE....	M. PHILLIPS...........	West-Malling.
LOUGHTON..........	M. B. TRENCH	Moneygall, Kings Co, Irlande.
LUDWICK HALL........	M. HOBMAN...........	Hatfield, Hertford.
MANOR HOUSE.......	M. D. PEACOCK........	Middleham, Yorks.
MELTON.............	Lord HASTINGS.........	Swaffham, Norfolk.
MENTMORE..........	Lord ROSEBERY........	Bucks.
MERRY HAMPTON.....	M. SIMONS HARRISON.....	Cottingham Hull, Yorks.
MOLDRON...........	Lord ZETLAND........	Aske, Richmond, Yorks.
OBERSTOWN HOUSE	M. C. MURPHY	Naas, Kildare Co, Irlande.
SEFTON.............	Duchesse DE MONTROSE ...	Newmarket.
SLEDMERE..........	M. L. DE ROTHSCHILD	Leighton, Buzzard.
SOUTHCOURT.........	Sir TATTON SYKES.	Malton, Yorkshire.
TATHWELL HALL......	M. BOTTERILL	Louth, Lincolns.
TICKHILL............	Lord SCARBOROUGH......	Rotherham, Yorks.
WARREN............	M. ELLAM.....	Epsom.
WELBECK...........	DUC DE PORTLAND........	Worksop, Nottinghams.
WESTON UNDER LIZARD	Lord BRADFORD	Shifnal, Shropshire.
WHIMPLE...........	M. SMITH	Exeter.
WORSLEY...........	Lord ELLESMERE	Stetchworth, Newmarket.
YARDLEY...........	M. GRAHAM............	Birmingham.

AUTRICHE-HONGRIE

Czaslau	M. Fred. Wagner	Autriche.
Napageld	M. Aristide Baltazzi	Autriche.
Bucsany	Baron G. Springer	Hongrie.
Calburg	Comte H. Henckel	Hongrie.
Kengyel	M. Nicolas von Blascovitz	Hongrie.
Keszthely	Comte Tassilo Festetics	Hongrie.
Kisber	Haras Royal	Hongrie.
Papa	Comte Nicolas Estherazy	Hongrie.
Szent-Marton	M. von Blascovitz	Hongrie.
Tordas	M. Dreher	Hongrie.
Totis	Comte Nicolas Esterhazy	Hongrie.

ALLEMAGNE

Basedow	Comte von Holm-Hahn	Mecklembourg.
Beberbeck	Haras Royal	Hofgeismar, pr. Cassel.
Bielau	Baron Falkenhausen	Silésie
Bockstadt	Baron von Münchhausen	Près Cobourg.
Georgenburg	M. von Simpson	Silésie.
Cœrlsdorf	Comte W. Redern	Magdebourg.
Graditz	Haras Royal	Près Torgau.
Gross-Strehlitz	Cte Tschirschky-Renard	Silésie.
Harzburg	Haras Royal	Brunswick.
Nordkirchen	Comte Nicolas Esterhazy	Westphalie.
Olschowa	Cte Tschirschky-Renard	Gr. Strelitz.
Puchhof	M. J. Jäger	Bavière.
Komolkwitz	Cte Henckel von Donnersmark.	Silésie.
Schlenderhan	Baron Oppenheim	Près Cologne.
Slaventzitz	Prince Hohenlohe	Près Ujest, Silésie.
Steinort	Comte Lehndorff	Prusse Orientale.
Trakehnen	Haras Royal	Prusse Orientale.
Welsleben	M. F. Bothe	Près Magdebourg.

ITALIE

Barbaricina	Duc de Marino et M. Thom. Rook.	Près Pise.
Biscighieto	Baron del Sordo	Abruzzes.
Caprile	Marquis Ridolfi	Près Florence.
Casilina	M. C. W. Plowden	Près Rome.
Castellazzo	Sir Rholand	Près Milan.
Cazalecchio	Comte Denis Talon	Près Bologne.
Cologna-Ferrarese	M. Ch. Calderoni	Près Ferrare.
Maltraverso	Comte Turati	Près Milan.
Nugola	Prince Strozzi	Près Florence.
Passirano	Marquis Fassati	Près Brescia.
Poggio Montone	Chev. Cesare Bertone	Près Orviéto.
San Salvâ	Comte de Sambuy et Associés	Près Turin.

POLOGNE

		Gouvernement
Antoniny	Comte Joseph Potocki	Volhynie.
Borowno	M. Jean Reszké	Piotskow.
Jablonna	Comte A. Potocki	Varsovie.
Janów	Haras Impérial	Siedliecki.
Krasne	Comte L. Krasinski	Plock.
Los'	M. W. Mysyrowicz	Varsovie.

SERNIKI	M. L. GRABOWSKI	Lublin.
SKOKI	M. J. U. NIEMCEVICZ	Grodno.
WORONKOWRE	M. J. DOROZINSKI	Volhynie.

RUSSIE

DERKULSK	HARAS IMPÉRIAL	Charkow.
LASZMA	Général ARAPOW	Penza.
MICHAJLOWSKOE	Princesse CHILKOW	Tula.
PALNA	M. STACHOWICZ	Orlow.
SWIATYJE-GORY	Comte RIBEAUPIERRE	Charkow.
TEKELFER	Baron WULF	Livonie.
ZUJEWKA	Frères ILOWAJSKI	Charkow.
HARAS DU	Comte ALEX. NIEROD	Orlow.

BELGIQUE

		Province
CASTEAU	Vte HENRI DE BUISSERET	Hainaut.
COOLKERKE	M. J. VERÈTRAET	Flandre Occident.
LUNGERBRUGGE	Baron F. VAN-LOO	Flandre Orientale.
MARIEMONT	M. GEORGE WAROCQUÉ	Hainaut.
MONS	M. FERNAND COPPÉE	Hainaut.
PERCK	Comte DE RIBEAUCOURT	Brabant.
REGELSBRUGGE	M. CH. LIÉNART	Flandre Orientale.
SENEFFE	Vte LOUIS DE BUISSERET	Hainaut.

ÉTATS-UNIS

		Etat
AVONDALE STOCK FARM	M. ED. S. GARDNER	Tennessee.
BEAUMONT	M. H. P. HEADLEY	Kentucky.
BELLE MEADE	M. P. LORILLARD	Nashville, Tennessee.
BOWLING-BROOK	M. WALDON	Maryland.
BROOKDALE	Col. THOMPSON	New-Jersey.
ELMENDORF	M. C. J. ENRICHT (MANAGER)	Kentucky.
FAIRWIEW	M. MACDONOUGH	Californie.
HANFORD	MM. MAC CALMONT et ROBINSON	Californie.
HARTLAND	M. J. N. CAMDEN	Kentucky.
HURRICANE	M. ST. STAMFORD	New-York.
IROQUOIS	M. JAMES B. CLAY	Kentucky.
KINGSTON	M. J. B. FERGUSON	Kentucky.
LA BELLE	M. E. LEIGH	Kentucky.
LONGSTREET FARM	MM. GIDEON et DALY	New-Jersey.
MAGGRAHIANA	M. MILTON YOUNG	Kentucky.
NANTURA	M. F.-B. HARPER	Kentucky.
NEPONSETT	M. W. H. FORBES	Près Boston.
NURSERY	M. TH. W. SHREVE	Kentucky.
PASADINA	M. S. G. REED	Californie.
RANCHO DEL PASO	M. J. B. HAGGIN	Californie.
SILVER BROOK	M. L. O. APPLEBY	Californie.

RÉPUBLIQUE ARGENTINE

		Province
CURUMALAN	M. ED. CASÉY	Buenos-Ayres.
LA QUINUA	M. S. LURO	Buenos-Ayres.
LAS ROSAS	M. G. KEMMIS	Santa-Fé.
NACIONAL	SOCIÉTÉ PRIVÉE	Buenos-Ayres.

TABLE ALPHABÉTIQUE

DES PRINCIPAUX CHEFS DE FAMILLE EN ANGLETERRE

1870 — 1890

DÉCRITS DANS CE VOLUME

TABLE ALPHABÉTIQUE DES ÉTALONS

DÉCRITS DANS CE VOLUME

FAISANT LA MONTE EN FRANCE EN 1894

NOMS DE LEURS PROPRIÉTAIRES — STATIONS DE MONTE

TABLE GÉNÉRALE ALPHABÉTIQUE
DES ÉTALONS ET DES POULINIÈRES

DONT LE PEDIGREE EST DONNÉ DANS CE VOLUME[1]

1. — Les noms composés en petites capitales sont ceux des étalons décrits dans ce volume.

(637)

FIN
DE LA TABLE
GÉNÉRALE
ALPHABÉTIQUE

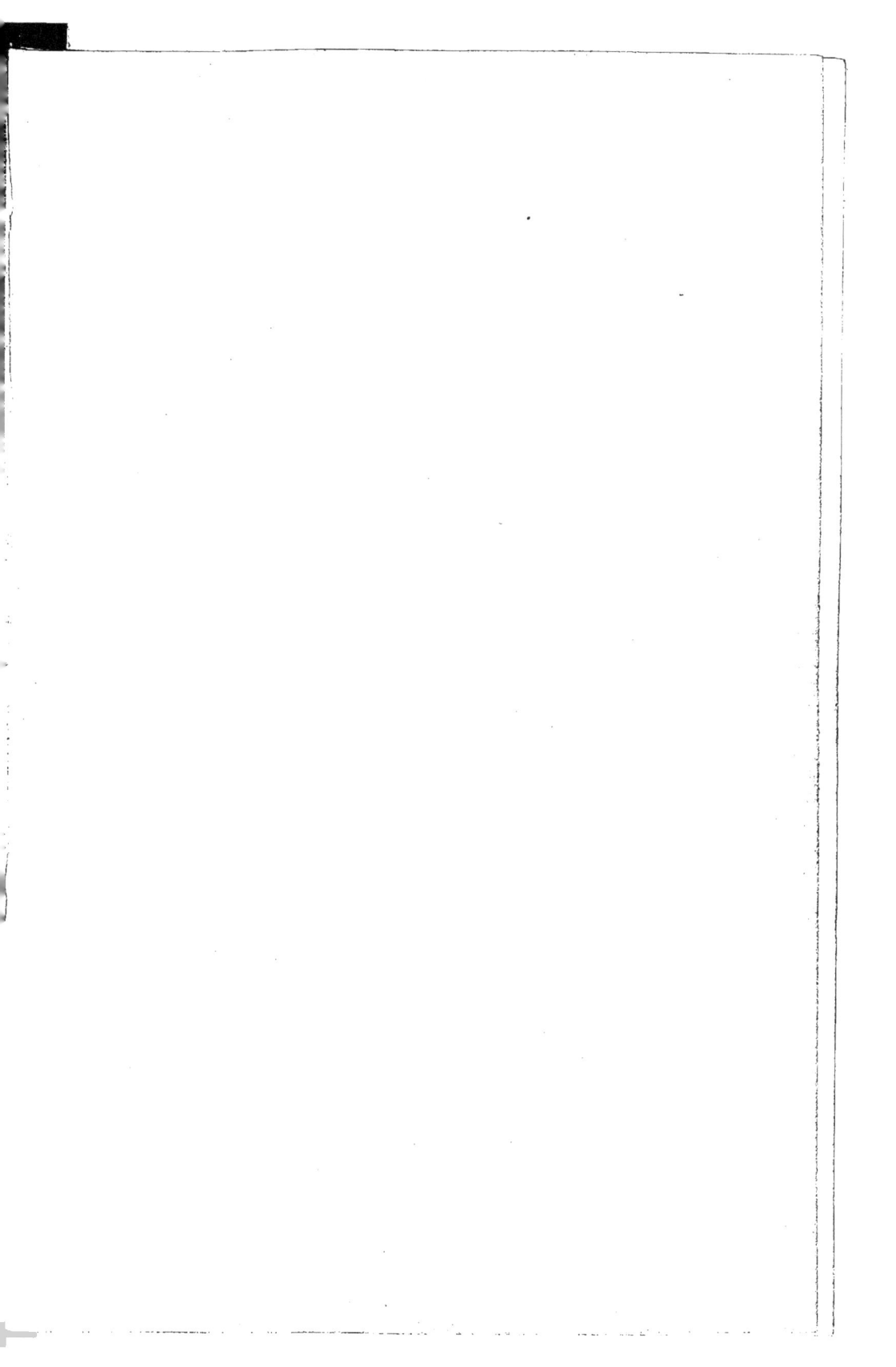

www.ingramcontent.com/pod-product-compliance
Lightning Source LLC
Chambersburg PA
CBHW071529200326
41519CB00019B/6133